本書の特色と使い方

この本は，算数の文章問題と図形問題を集中的に学習できる画期的な問題集です。苦手な人も，さらに力をのばしたい人も，１日１単元ずつ学習すれば 30 日間でマスターできます。

① 例題と「ポイント」で単元の要点をつかむ

各単元のはじめには，空所をうめて解く例題と，そのために重要なことがら・公式を簡潔にまとめた「ポイント」をのせています。

② 反復トレーニングで確実に力をつける

数単元ごとに習熟度確認のための「まとめテスト」を設けています。解けない問題があれば，前の単元にもどって復習しましょう。

③ 自分のレベルに合った学習が可能な進級式

学年とは別の級別構成（12 級〜１級）になっています。「進級テスト」で実力を判定し，選んだ級が難しいと感じた人は前の級にもどり，力のある人はどんどん上の級にチャレンジしましょう。

④ 巻末の「答え」で解き方をくわしく解説

問題を解き終わったら，巻末の「答え」で答え合わせをしましょう。「とき方」で，特に重要なことがらは「チェックポイント」にまとめ，十分に理解しながら学習を進めることができます。

文章題・図形 **9級**

本書に関する最新情報は，当社ホームページにある本書の「サポート情報」をご覧ください。（開設していない場合もございます。）

1日 わり算で考えよう（1）

13本のえん筆を，3人で同じ数ずつ分けると，1人に4本ずつ分けられました。えん筆は何本あまりますか。

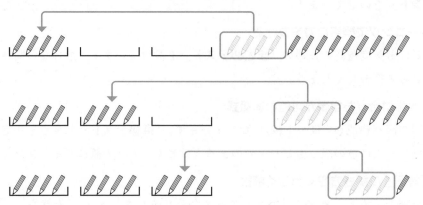

上の図から，3人にそれぞれ4本ずつ分けていくと1本だけあまることがわかります。13本のえん筆を，3人で分けるときの1人分の本数とのこりの本数をもとめる式を，次のように書きます。

（式）　①◻　÷　3　＝　②◻　あまり　③◻
　　　　　↑　　　　↑　　　　↑　　　　　　　↑
　　　全部の本数　分ける人数　1人分の本数　　のこりの本数

（答え）④◻

ポイント　同じ数ずつ分けるときはわり算で計算します。あまりがあるときをわり切れないといいます。

1　みかんが54こあります。1人に8こずつ分けると，6人に分けられました。みかんは何こあまりますか。

（式）54÷①◻　＝　②◻　あまり　③◻

（答え）④◻

2 4 L 8 dL のジュースを，7 dL ずつ6このコップに入れていきました。ジュースは何 dL あまりますか。
(式)

(答え)

3 長さが 61 cm のリボンがあります。同じ長さに切って8人で分けると，1人分は 7 cm になりました。リボンは何 cm あまりますか。
(式)

(答え)

4 44 このあめを5人で同じ数ずつ分けます。1人がもらうあめの数ができるだけ多くなるように分けました。あめは何こあまりますか。
(式)

1人分は8こになるよ。

(答え)

5 56 ページある本を，毎日6ページずつ読んでいきました。6ページ読んだのは9日間で，10日目に何ページか読んだら全部読み終わりました。10日目に読んだのは何ページですか。
(式)

(答え)

2日 わり算で考えよう (2)

えん筆が 11 本あります。これを 3 人が同じ本数になるように分けると，えん筆は何本あまりますか。

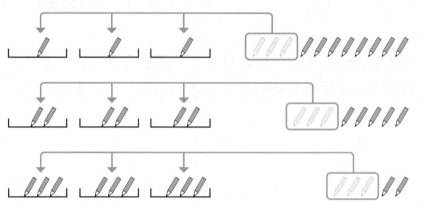

上の図から，3 人で分けると 1 人が 3 本ずつで，2 本あまることがわかります。これを式に書くと，次のようになります。

(式) ① [　　　] ÷ 3 = ② [　　　] あまり ③ [　　　]

　　　↑ 　　　　↑ 　　　　↑ 　　　　　　↑
　ぜん ぶ
　全部の本数　 分ける人数　 1人分の本数　　のこりの本数

(答え) ④ [　　　]

ポイント 　1 人分の本数をもとめるわり算の計算になります。わり切れないときのあまりが，のこりの本数です。

---

1 あめが 36 こあります。1 つのふくろに 8 こずつ入れると，ふくろに入らなかったあめは何こになりますか。

(式) 36 ÷ ① [　　　] = ② [　　　] あまり ③ [　　　]

(答え) ④ [　　　]

2 はばが 35 cm の本立てに，あつさ 4 cm の本をすき間ができないようにできるだけ多く立てていきます。さいごにならべた本と本立ての間に，何 cm のすき間ができますか。

(式)

(答え) _____

3 6そうのボートがあります。20 人の子どもが，1 そうのボートに同じ人数ずつできるだけ多くなるように分かれて乗ります。みんなが一度に乗れないので，何人かが乗るのを待つことにしました。乗るのを待つ人は何人ですか。

(式)

(答え) _____

4 58 人の子どもが，1 きゃくのいすに6 人ずつすわっていったら，さいごの1 きゃくだけ6 人より少なくなりました。さいごのいすにすわった子どもは何人ですか。

(式)

6人がすわったいすは何きゃくになるのかな？

(答え) _____

5 牛にゅうが 3 L 8dL あります。1 日に 6 dL ずつ飲んでいくと，牛にゅうは7 日目になくなりました。7 日目に飲んだ牛にゅうは何 dL ですか。

(式)

7日目は，6 dLより少ないよ。

(答え) _____

3日 わり算で考えよう（3）

長さが 35 cm のリボンがあります。4 cm ずつに切っていくと，4 cm のリボンは何本できて，何 cm あまりますか。

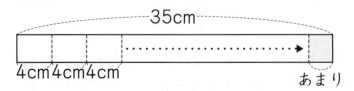

35cm
4cm 4cm 4cm
あまり

4 cm ずつできるだけ多く分ける計算になります。

「分ける数＝全部の数÷ 1 つ分の数」のわり算になります。

(式) ①[　　　] ÷ 4 ＝ ②[　　　] あまり ③[　　　]

全部の長さ　 1 本分の長さ　　本数　　　　あまり

答えがリボンの本数，あまりがリボンののこりの長さになります。

(答え) ④[　　　] できて，⑤[　　　] あまる

ポイント わり切れないわり算では，あまりはある数よりも小さくなります。

---

1 50 この画びょうを使って絵をはっていきます。1 まいの絵をはるのに画びょうを 6 こ使います。何まいの絵をはることができて，画びょうは何こあまりますか。

(式) 50÷①[　　　] ＝ ②[　　　] あまり ③[　　　]

(答え) ④[　　　] はることができて，⑤[　　　] あまる。

2 １つのふくろに，あめを６こずつ入れていきます。用意したあめは 58 こです。ふくろは何ふくろできて，あめは何こあまりますか。

（式）

（答え）

3 30 このチョコレートを８人で同じ数ずつ分けます。１人分は何こになって，チョコレートは何こあまりますか。

（式）

（答え）

4 20 まいのビスケットを３頭の犬に同じまい数ずつあげると，１頭分のビスケットは何まいで，何まいあまりますか。

（式）

（答え）

5 ５L２dL の牛にゅうを，９dL ずつびんに分けていきます。びんは何本できて，何dL あまりますか。

（式）

５L２dL を dL になおして計算しよう。

（答え）

4日 わり算で考えよう（4）

6人まですわることができる長いすがあります。52人の子どももみんなすわるには，長いすは何きゃくいりますか。

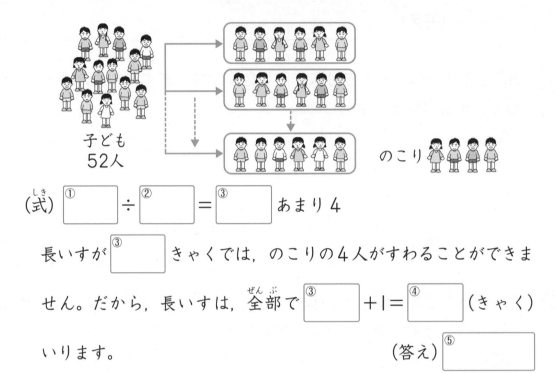

子ども
52人

のこり

（式）①□ ÷ ②□ = ③□ あまり4

長いすが③□きゃくでは，のこりの4人がすわることができません。だから，長いすは，全部で ③□＋1＝④□（きゃく）

いります。

（答え）⑤□

ポイント のこりの4人がすわる長いすが1きゃくいります。わり算の答えに1をたします。

1 34人の小学生がボートに乗ります。1そうのボートには4人まで乗ることができます。全員が乗るためには，ボートは何そういりますか。

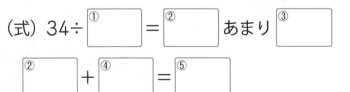

（式）34÷①□ ＝ ②□ あまり ③□

②□ ＋ ④□ ＝ ⑤□

のこった人が乗るためのボートがいるよ。

（答え）⑥□

2 りんごが6こずつ入る箱があります。58このりんごを全部箱に入れるためには，箱は何こいりますか。

(式)

(答え) [　　　　]

3 教室に本が62さつあります。この本を1回に8さつずつ図書室に運びます。全部の本を図書室に運ぶためには，何回運びますか。

(式)

(答え) [　　　　]

4 こうじさんは1日に7ページずつ本を読みます。45ページの本を読み始めてから，全部読み終えるのに何日かかりますか。

(式)

(答え) [　　　　]

5 48kgのお米を全部ふくろに入れます。1つのふくろに入れたお米の重さを全部5kgにするためには，お米はあと何kgいりますか。

(式)

のこりのお米を5kgにすればいいんだね。

(答え) [　　　　]

5日 まとめテスト (1)

① 35まいのカードを，8人で同じ数ずつ分けると，1人が4まいずつになりました。カードは何まいあまっていますか。(12点)

(式)

(答え)

② みかんが67こあります。9つのふくろに，7こずつ分けて入れました。ふくろに入らなかったみかんは何こですか。(12点)

(式)

(答え)

③ 長さが85cmのひもがあります。このひもから長さ9cmずつのひもをつくると，ひもは何本できて，何cmあまりますか。(14点)

(式)

(答え)

④ 4Lのジュースを7dLずつコップに分けると，コップは何こできて，何dLあまりますか。(14点)

(式)

(答え)

⑤ 5 dL 入るコップで, 水そうに入っていた 4 L 3 dL の水を全部くみ出しました。さいごにコップでくみ出した水は何 dL でしたか。(12点)

（式）

（答え）□

⑥ ふくろに 62 こ入っているあめを, 7 人で同じ数ずつ分けました。あまったあめは何こですか。(12点)

（式）

（答え）□

⑦ たまごが 6 こずつ入るパックがあります。53 このたまごを全部パックに入れるには, パックをいくつ用意したらいいですか。(12点)

（式）

（答え）□

⑧ みかんが入った箱が 38 箱あります。1 回に 4 箱ずつ運ぶと, 全部運び終わるのに何回運びますか。(12点)

（式）

（答え）□

6日 かけ算で考えよう（1）

1こ18円のおかしを12こ買います。全部の代金はいくらになりますか。

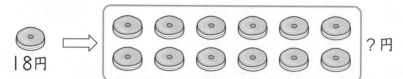

18円 　→　?円

（式）全部の代金は ① □ ×12 になります。

筆算を使って計算します。

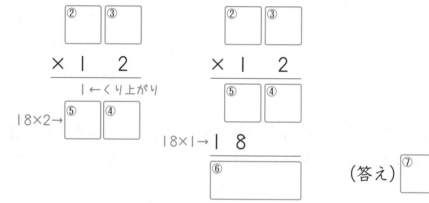

```
   ② □  ③ □
 ×   1   2
       1 ←くり上がり
18×2→ ⑤ □ ④ □
```

```
   ② □  ③ □
 ×   1   2
       ⑤ □ ④ □
18×1→ 1   8
 ⑥ □□□
```

（答え）⑦ □

ポイント　2けた×2けた の筆算は，一の位のかけ算と十の位のかけ算を，2けた×1けた の筆算と同じように計算します。十の位のかけ算をしたときの数を書くところをまちがえないようにしましょう。

1　えん筆が15ダースあります。えん筆は全部で何本ありますか。

（式）① □ × ② □ = ③ □

1ダースは何本かな？

（答え）④ □

2 1箱にりんごが 36 こ入っている箱が 24 箱あります。りんごは全部で何こありますか。

(式)

(答え)

3 38 人の小学生がサッカーの練習をしました。練習が終わったあと，みんなに 85 mL ずつジュースが配られました。ジュースは全部で何 mL ありましたか。

(式)

(答え)

4 あきらさんのクラスは 32 人います。工作で使う竹ひごの代金は，1 人分が 78 円です。クラス全員の代金は何円になりますか。

(式)

(答え)

5 1 本のリボンを 35 cm ずつの長さに切っていったら，ちょうど 28 本できました。もとのリボンの長さは何 m 何 cm でしたか。

(式)

(答え)

→答えは 68 ページ

月　　　日

7日 かけ算で考えよう（2）

1m が 245 円のリボンを 17m 買いました。代金は全部で何円になりましたか。

「1つあたりの数×いくつ分＝全部の数」になります。

3けた×2けた のかけ算です。筆算で計算してみましょう。

(式)　　245 × 17

　　　　　↑　　　　↑
　　　1mのねだん　買った長さ

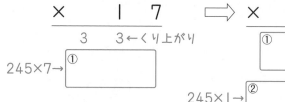

```
    2  4  5          2  4  5
×      1  7    ⇒   ×    1  7
───────────        ─────────
    3  3←くり上がり    ①
245×7→ ①
                245×1→ ②

                    ③

                (答え) ④
```

ポイント 2けた×2けた の計算と同じように考えて計算します。くり上がりが多くなるので気をつけましょう。

---

1 1本の長さが 1m 35cm のテープを 29 本つくります。つくるテープの長さは，全部で何m何cmになりますか。

(式) ①_____ ×29＝②_____

②_____ cm ＝ ③____ m ④____ cm

(答え) ⑤_____

2 | 1両に260人乗れる電車があります。この電車を12両つなぐと，全部で何人まで乗ることができますか。

(式)

(答え)

3 | けんじさんのクラスで遠足に行きます。1人分のおやつ代は355円です。クラスの人数32人分のおやつ代は，全部で何円になりますか。

(式)

(答え)

4 | コンサートの会場には，いすがたて1列に126きゃくならべてあり，それが横に46列ならんでいます。会場には全部で何人まですわることができますか。

(式)

(答え)

5 | たかしさんは，毎日12題ずつ計算ドリルをしています。1年間毎日つづけると，全部で何題することになりますか。

(式)

1年は365日だよ。

(答え)

8日 ぼうグラフと表（1）

ゆりえさんのクラスで，すきなスポーツを調べ，1人が1つずつすきなスポーツを答えました。それを整理して，次のような表とグラフをつくりました。

グラフの1目もりは， ① ☐ 人を表しています。

すきなスポーツ

スポーツ	人数（人）	
野球	正 下	8
テニス	正 丁	②
サッカー	正正下	③
水泳	下	4

（人）　すきなスポーツ

ゆりえさんのクラスの人数は，全部で ⑥ ☐ 人です。

ポイント 調べたことを，表に整理したり，グラフを使って表すとわかりやすくなります。

---

1 右の表は，ひろしさんのクラスで，すきな食べ物を調べ，1人が1つずつすきな食べ物を答えたものをまとめたものです。カレーがすきな人は何人ですか。

（式）

（答え） ☐

すきな食べ物

食べ物	人数（人）
カレー	
ハンバーグ	11
ラーメン	2
スパゲティ	4
合計	31

2 右の表は，学校の前を 15 分間に通った乗り物の数を，「正」の字を書いて整理したものです。

乗り物調べ

乗り物	台数 （台）
バス	丅
乗用車 （じょうようしゃ）	正正丆
せいそう車	一
トラック	下
自転車 （じてんしゃ）	正

(1) 右の表の「正」の字を数字に書きなおして，下の表に整理しなさい。

乗り物調べ

乗り物	乗用車	自転車	トラック	バス	せいそう車
台数 （台）	①	5	3	②	l

(2) 15 分間に通った乗り物の数は，全部で何台ですか。
（式）

（答え）

3 右のグラフは，ゆかさんの家から，いくつかの場所（ばしょ）までの道のりを表したものです。

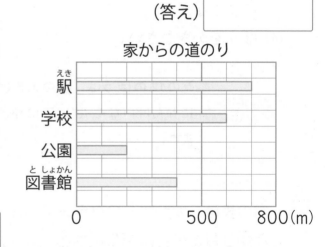

家からの道のり

(1) 右のようなグラフを何グラフといいますか。

(2) グラフの 1 目もりは何 m を表していますか。

(3) ゆかさんの家から，いちばん遠い場所と，いちばん近い場所の道のりのちがいは何 m ですか。
（式）

（答え）

9日 ぼうグラフと表（2）

けんたさんのクラスですきな色を調べ，１人が１つずつすきな色を答えました。それを整理して，下のような表をつくりました。表から，次の(1)〜(4)のじゅん番でぼうグラフに表しなさい。

すきな色

色	赤	白	黄	緑	青	その他
人数(人)	4	8	2	3	5	9

(1) ぼうグラフに表題を書きなさい。

(2) たてに人数の目もりを書きなさい。

(3) 横に，色の名まえを人数が多いじゅんに書きなさい。

(4) ぼうをかきなさい。

ポイント その他のぼうは，数の大きさにかんけいなく，さいごにかきます。

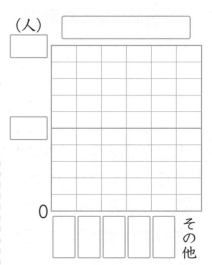

(人)

0

その他

1　右の表は，ゆかさんのクラスのみんなが８月と９月に読んだ本と人数を，しゅるいべつに分けて，１つの表にまとめたものです。あいているところに数字を書いて，表をしあげなさい。

読んだ本調べ（８月と９月）（人）

本＼月	８月	９月	合計
物語	20	12	
絵本	5	16	
図かん	7	4	
合計			

たての列，横の列をそれぞれたしてみよう。

2 次の表は，たろうさんが月曜日から金曜日に勉強した時間を調べたものです。これを見て，ぼうグラフに表しなさい。

曜日	時間(分)
月	30
火	40
水	25
木	45
金	60

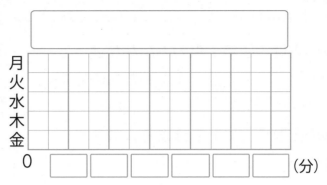

3 次の表は，3年生が9月，10月，11月にけがをした場所と人数を調べてまとめたものです。

けがをした人数　　　　（人）

場所＼月	9月	10月	11月	合計
校庭	16	20	14	③
体育館	4	4	9	17
ろう下	3	4	2	④
教室	1	3	2	6
合計	24	①	②	⑤

(1) 表の①から⑤にあてはまる人数を書きなさい。

(2) けがをした人がいちばん少ない月は何月ですか。

(3) けがをした場所で3番目に多いのはどこですか。

(4) けがをした人がいちばん少ない場所と，いちばん多い場所の人数のちがいは何人ですか。

(式)

(答え)

月　　　日

10日 まとめテスト (2)

1 右の表は，3年1組のみんなが通っている町べつの人数をまとめたものです。 (7点×2―14点)

(1) 表の①から③にあてはまる人数を書きなさい。

(2) 西町から通っている男子は何人ですか。
(式)

3年1組の町べつの人数（人）

町＼男女	男子	女子	合計
東町	4	9	②
北町	7	3	10
西町		5	8
合計	14	①	③

(答え) ☐

2 水泳で，1人が25m泳ぐリレーをします。15人がリレーで泳ぐとき，全部で何m泳ぎますか。(14点)
(式)

(答え) ☐

3 1L8dLのジュースが入ったびんが24本あります。ジュースは全部で何dLありますか。(14点)
(式)

(答え) ☐

4 けんじさんのクラス33人が遠足に行きます。1人分のひ用は315円かかります。遠足のひ用は全部で何円ですか。(14点)
(式)

(答え) ☐

⑤ だいきさんは I 分間に 65 m 歩きます。ある日，家を出てから 2 時間 12 分歩きました。だいきさんが歩いた道のりは，何 km 何 m ですか。

(15点)

(式)

(答え) ［　　　　　　］

⑥ 次の表は，はやとさんたちの 4 月の体重を調べてまとめたものです。体重が重い人からじゅんにならべかえて，ぼうグラフに表しなさい。

(15点)

4月の体重

名まえ	体重(kg)
はやと	32
かな	30
けんじ	36
ゆか	28

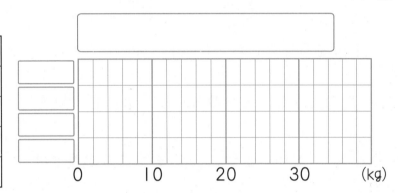

⑦ 右のぼうグラフは，月曜日から金曜日までの間にけっせきした 3 年生の人数を表しています。このぼうグラフを見てわかることを，ア〜エからすべてえらび，記号で答えなさい。

(14点)

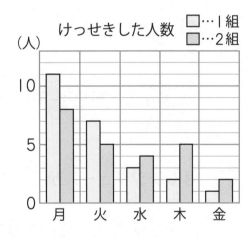

けっせきした人数
□…I 組
■…2 組

ア I 組も 2 組も，けっせきした人がいちばん多いのは月曜日です。

イ I 組では，けっせきした人の数は月曜日からへりつづけました。

ウ どの曜日も，けっせきした人の数は 2 組より I 組の方が多いです。

エ 月曜日から金曜日までの間にけっせきした人数の合計は，I 組より 2 組の方が多いです。

(答え) ［　　　　　　］

11日 分　数

➡答えは70ページ　　月　　日

赤いテープが $\dfrac{1}{5}$ m，白いテープが $\dfrac{2}{5}$ m あります。赤と白のテープは合わせて何 m ありますか。

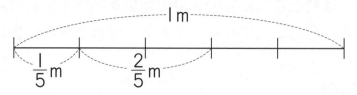

1m を5等分したうちの1こ分の長さを $\dfrac{1}{5}$ m と書きます。

$\dfrac{1}{5}$ のような数を分数といい，上に書く数を ①〔　　　〕，下に書く数を ②〔　　　〕といいます。$\dfrac{1}{5}$ m の2こ分の長さは ③〔　　　〕m になります。

(式) $\dfrac{1}{5}+$ ③〔　　　〕$=$ ④〔　　　〕(m)　　　　(答え) ⑤〔　　　〕

ポイント 分数のたし算は，分母はそのままで，分子どうしのたし算をします。

---

1 オレンジジュースが $\dfrac{5}{7}$ L あります。りんごジュースは，オレンジジュースより $\dfrac{3}{7}$ L 少ないそうです。りんごジュースは何 L ありますか。

(式) ①〔　　　〕$-$ ②〔　　　〕$=$ ③〔　　　〕

(答え) ④〔　　　〕

2 ひろみさんの家から学校までの道のりは $\frac{4}{9}$ km あります。学校から $\frac{5}{9}$ km の道のりを進んだ所に駅があります。ひろみさんの家から学校を通って駅までの道のりは何 km ありますか。

(式)

(答え)

3 さとうを入れたふくろが2つあります。1つのふくろには $\frac{3}{8}$ kg, もう1つのふくろには $\frac{7}{8}$ kg 入っています。2つのふくろに入っているさとうの重さのちがいは何 kg ですか。

(式)

(答え)

4 1 kg のりんごと, $\frac{1}{6}$ kg のみかんがあります。りんごはみかんより何 kg 重いですか。

1は6分のいくつになるかな?

(式)

(答え)

5 牛にゅうを大, 中, 小の3つのコップに分けて入れました。大のコップには $\frac{6}{10}$ L, 中のコップには $\frac{2}{10}$ L, 小のコップには $\frac{1}{10}$ L 入りました。牛にゅうは, 全部で何 L ありましたか。

(式)

(答え)

12日 小　数

牛にゅうが 0.8 L あります。今日の朝 0.2 L を飲みました。牛にゅうはあと何 L のこっていますか。

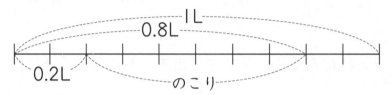

1 L の $\frac{1}{10}$ のかさを 0.1 L と書きます。0.1 のような数を小数といい、「.」を ①[　　　]、①[　　　] のすぐ右の位を ②[　　　] といいます。0.1 L の 8 こ分のかさは ③[　　　] L になります。

(式) ③[　　　]－0.2=④[　　　](L)　　　　(答え) ⑤[　　　]

ポイント $\frac{1}{10}$ を小数で表すと 0.1 になります。答えに小数点を入れるのをわすれないようにしましょう。

---

1 そうたさんは、家を出て 0.9 km の道のりを歩いて学校まで行きました。帰りは公園によって、1.4 km の道のりを歩きました。そうたさんは、全部で何 km 歩きましたか。筆算で計算しなさい。

(式) ①[　　　] ＋ ②[　　　] ＝ ③[　　　]

```
    0 . 9
 +  1 . 4
 ─────────
③[        ]
```

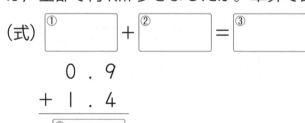 小数の筆算も、整数の筆算と同じようにできるよ。

(答え) ④[　　　]

2 1.2 kg の箱にみかんを入れて重さをはかったら，全部で 3.4 kg ありました。みかんだけの重さは何 kg ですか。

(式)

(答え)

3 長さが 8.6 cm のリボンがあります。そのうち，何 cm か切りとると，のこりが 29 mm になりました。切りとったリボンの長さは何 cm ですか。

(式)

(答え)

4 大，小 2 つの水そうに水を入れます。大きい水そうには 8 L 4 dL，小さい水そうには 38 dL の水が入りました。全部で何 L の水を入れましたか。

(式)

(答え)

5 ゆりさんは，8.9 m のロープを 3 本に切って分けました。1 本は 3.5 m，もう 1 本は 1.8 m でした。のこりの 1 本は何 m でしたか。

(式)

(答え)

13日 □を使った式 (1)

バスに 38 人が乗っています。ていりゅう所でおりた人はいなくて，何人か乗ってきたので，全部で 51 人になりました。ていりゅう所で乗ってきた人数を□人としてたし算の式に書き，乗ってきた人数をもとめなさい。

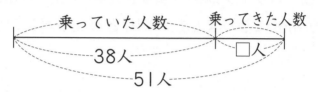

(式) 乗っていた人数＋乗ってきた人数＝51 になるから，

たし算の式で表すと，　①□　＋□＝②□

□＝②□ － ①□ ＝ ③□ (人)

(答え) ④□

ポイント　□にあてはまる数をもとめるときは，図をかいて考えるとわかりやすくなります。

---

1 色紙が何まいかあります。138 まいの色紙を配ったら，のこりは 34 まいになりました。はじめにあった色紙のまい数を□まいとしてひき算の式に書き，はじめにあった色紙のまい数をもとめなさい。

(式) □－①□ ＝ ②□

□＝②□ ＋ ①□ ＝ ③□

□を使って図をかいてみよう。

(答え) ④□

2 けんじさんは，家から 3.4 km はなれた公園へ向かい，家からちょうど 900 m の所まで来ました。公園までののこりの道のりを□km としてたし算の式に書き，のこりの道のりは何 km あるかもとめなさい。

（式）

（答え）

3 ゆりさんは，お姉さんからおはじきを何こかもらったので，全部で 62 こになりました。ゆりさんがはじめに持っていたおはじきは 26 こです。もらったおはじきのこ数を□ことしてたし算の式に書き，もらったおはじきのこ数をもとめなさい。

（式）

（答え）

4 さゆりさんは，3000 円を持ってデパートに買い物に行きました。買い物をしたあとののこりは 1080 円でした。買い物で使ったお金を□円としてひき算の式に書き，買い物で使ったお金は何円かもとめなさい。

（式）

（答え）

5 けんたさんは，1 L あったジュースをきのう $\frac{1}{8}$ L を飲み，今日何 L か飲んだので，のこりは $\frac{3}{8}$ L になりました。今日飲んだジュースのりょうを□L としてひき算の式に書き，今日飲んだジュースは何 L かもとめなさい。

（式）

（答え）

14日 □を使った式 (2)

　1ふくろに，6こずつのあめが入っているふくろが，何ふくろかあります。あめは全部で 54 こあります。ふくろの数を□まいとしてかけ算の式に書き，ふくろはいくつあるかもとめなさい。

ことばの式で書くと，次のようになります。

　　1ふくろのあめの数×ふくろの数＝全部のあめの数

(式) □を使った式で書くと，　①[　　　]×□＝②[　　　]　となります。

　　　□にあてはまる数をもとめるために，図をかきます。

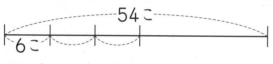

　　　□は├──┤の数だから，

　　□＝②[　　　]÷①[　　　]　　　□＝③[　　]　(まい)

　　　　　　　　　　　　　　　　　　　　(答え) ④[　　　　　]

ポイント　□を使ったかけ算の式の□は，わり算でもとめることができます。

1　ジュースが何 dL かあります。7 本のびんに同じりょうずつ分けると，1 本のびんにちょうど 5 dL 入りました。はじめのジュースのりょうを□ dL としてわり算の式に書き，はじめにジュースが何 dL あったかもとめなさい。

(式) □÷5＝①[　　　]

　　□＝②[　　　]×①[　　　]　　　□＝③[　　　]

　　　　　　　　　　　　　　　　　　(答え) ④[　　　　　]

2 りんごを同じ数ずつ6人に配ったら, 全部で48 こになりました。１人に配ったこ数を□ことしてかけ算の式に書き, １人に何こずつ配ったかもとめなさい。

(式)

(答え) ☐

3 63 きゃくあるいすを何人かで運んでいます。１人が7きゃくずつ運んだら, 全部運び終わりました。運んだ人数を□人としてかけ算の式に書き, 何人で運んだかもとめなさい。

(式)

(答え) ☐

4 全部で 36 このケーキがあります。１箱に3こずついくつかの箱に入れていきます。箱のこ数を□ことしてかけ算の式に書き, 箱のこ数をもとめなさい。

(式)

(答え) ☐

5 １本のテープを, 12 cm ずつに切っていったら, ちょうど 15 本できました。はじめのテープの長さを□ cm としてわり算の式に書き, はじめのテープの長さは何 m 何 cm だったかもとめなさい。

(式)

□は, １本 12 cm の
テープが 15 本分の長
さだよ。

(答え) ☐

15日 まとめテスト (3)

① 重さ 800 kg の台の上に，重さが 4.5 t の荷物をのせました。全部の重さは何 t になりますか。(12点)

(式)

(答え)

② 水がかんに 0.4 L，びんに $\frac{7}{10}$ L 入っています。かんに入っている水と，びんに入っている水のかさのちがいは何 L ですか。分数で答えなさい。(12点)

(式)

(答え)

③ テープが何 m かあります。そのテープを，はる子さんが $\frac{3}{9}$ m，なつ子さんが $\frac{5}{9}$ m，あき子さんが $\frac{1}{9}$ m になるように分けました。はじめのテープの長さは何 m ですか。(14点)

(式)

(答え)

④ 1.8 L 入りのジュースのペットボトルが 2 本あります。このジュースを 3.2 L 飲みました。ジュースはあと何 L のこっていますか。(12点)

(式)

(答え)

⑤ 電車に 1205 人乗っていました。次の駅で乗ってくる人はいませんでしたが，何人かのお客さんがおりたので，全部で 1126 人になりました。駅でおりた人数を□人としてひき算の式に書き，おりた人数をもとめなさい。(14点)

(式)

(答え) _____

⑥ 重さ 75g の入れ物に油を入れて重さをはかったら，345g になりました。入れた油の重さを□g としてたし算の式に書き，入れた油の重さをもとめなさい。(12点)

(式)

(答え) _____

⑦ みかんを 1 人に 3 こずつ何人かに配ったら，全部で 69 こになりました。配った人数を□人としてかけ算の式に書き，配った人数をもとめなさい。

(12点)

(式)

(答え) _____

⑧ ある長さのはり金を 7cm ずつに切ったら，ちょうど 6 本できました。はじめのはり金の長さを□ cm としてわり算の式に書き，はじめのはり金の長さをもとめなさい。(12点)

(式)

(答え) _____

16日 三　角　形（1）

次の三角形のうち，二等辺三角形はどれですか。全部えらびなさい。

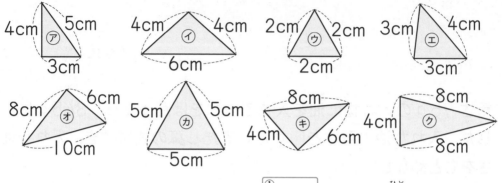

いろいろな三角形のうちで，2つの ①⬚ の長さが等しい三角形を

②⬚ といいます。上の三角形のうち，

②⬚ は，③⬚ と ④⬚ と ⑤⬚ の 3つありま
す。

ポイント 三角形のうち，2つの辺の長さが等しい三角形を二等辺三角形と
いいます。

---

1 3つの辺の長さが 4cm，3cm，3cm の三角形を，とちゅうまでかい
てあります。コンパスとじょうぎを使って，つづきをかきなさい。

① 4cm の辺アイをじょうぎでひきます。

② コンパスで 3cm の長さをはかりとり，
アの点を中心として円の一部をかきます。

③ イの点を中心に，円の一部をかきます。

④ 交わった点とア，イをそれぞれむすびま
す。

①ア——————イ

2 右の図は，アの点を中心とした円の中に，三角形 イウオと三角形アエオの２つの三角形をかいたも のです。二等辺三角形はどちらの三角形ですか。

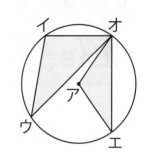

（　　　　　　　　）

3 右の三角形アイウは，辺アウの長さ が 12 cm，辺イウの長さが 20 cm の二等辺三角形です。三角形アイウ のまわりの長さは何 cm ですか。 （式）

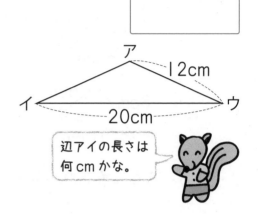

辺アイの長さは 何 cm かな。

（答え）（　　　　　　　　）

4 右の図は，辺イウの長さが 16 cm の二等辺三角 形で，まわりの長さが 56 cm です。辺アイの長 さは何 cm ですか。 （式）

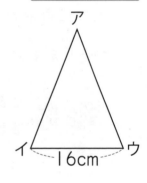

（答え）（　　　　　　　　）

5 次の図のように，長方形の紙を２つにおり重ねて，……… のところで切 って開きました。できた三角形をコンパスとじょうぎを使ってかきなさ い。

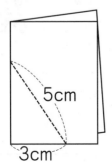

17日 三 角 形 (2)

次の三角形のうち，正三角形はどれですか。全部えらびなさい。

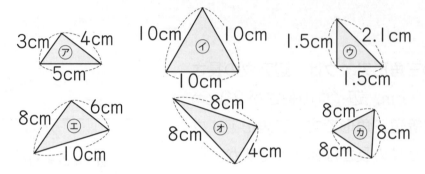

いろいろな三角形のうちで，3つの ①［　　　　］ の長さが等しい三角形を

②［　　　　　　　　　　　］ といいます。

上の三角形のうち，②［　　　　　　　　　　　］ は，③［　　　］ と ④［　　　］ の2

つあります。

ポイント 三角形のうち，3つの辺の長さが等しい三角形を正三角形といいます。

---

1 1つの辺の長さが 3 cm の正三角形を，とちゅうまでかいてあります。
コンパスとじょうぎを使って，つづきをかきなさい。

① 3 cm の辺アイをじょうぎでひきます。

② コンパスで 3 cm の長さをはかりとり，
　 アの点を中心として円の一部をかきます。

③ イの点を中心に，円の一部をかきます。

④ 交わった点とア，イをそれぞれむすびます。

二等辺三角形とかき方は同じだよ。

①ア———————イ

2 右の図のような半径が 5 cm の円を使って，正三角形をかきます。辺イウの長さを何 cm にすると，正三角形がかけますか。

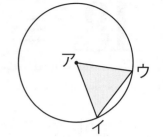

3 右の図のように，点アを中心とする半径 6 cm の円と，点イを中心とする半径 6 cm の 2 つの円が重なっています。

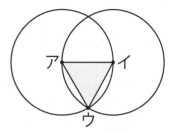

(1) 円の中心ア，イと，円が交わった点ウをむすんでできる三角形は何という三角形ですか。

(2) 三角形アイウのまわりの長さは，何 cm になりますか。
(式)

(答え)

4 右の図の三角形は，まわりの長さが 24 cm の正三角形です。辺アイの長さは何 cm ですか。
(式)

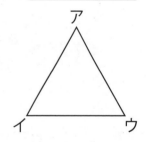

(答え)

5 次の図のように，長方形の紙を 2 つにおり重ねて，………のところで切って開きました。できた三角形をコンパスとじょうぎを使ってかきなさい。

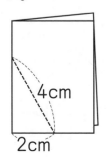

4cm
2cm

18日 三　角　形 (3)

右の図で, ㋐のかどのところを [①　　　　　]

といい, ㋑の2つの線を [②　　　　] といいます。

2つの [②　　　] がつくる形㋒を [③　　　] といい

ます。

三角形には [④　　] つの [③　　　] があります。

二等辺三角形は, [⑤　　　] つの [③　　　] が等し

く, 正三角形は, [⑥　　　] つの [③　　　] が等し

くなっています。

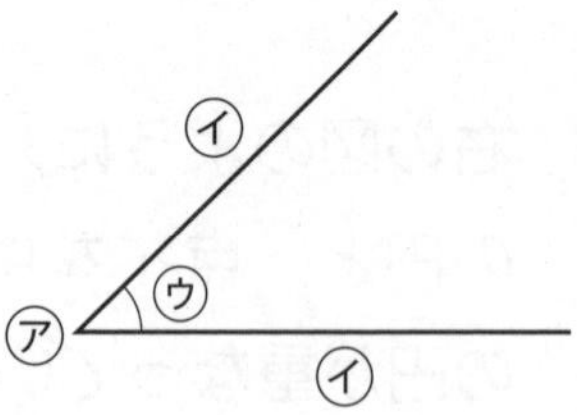

二等辺三角形

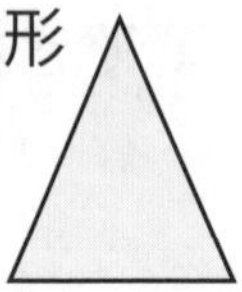

正三角形

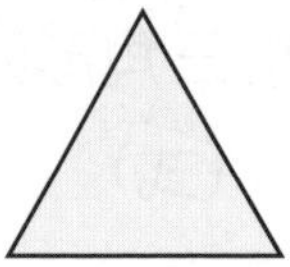

ポイント 角の大きさは, 辺の開きぐあいで決まります。開きぐあいが大きい方が, 角の大きさが大きくなります。

---

1 次のそれぞれの角の大きい方を答えなさい。

(1) ㋐　　㋑

[　　　　　]

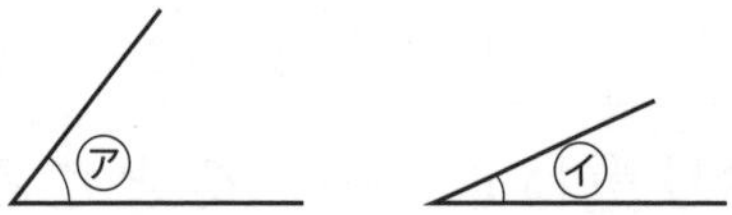

(2) ㋐　　㋑

[　　　　　]

(3) ㋐　　㋑

[　　　　　]

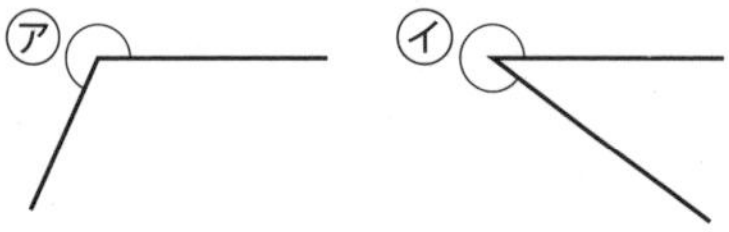

(4) ㋐　　㋑

[　　　　　]

2 次の⑦から㋑の角の大きさを，大きいじゅんに書きなさい。

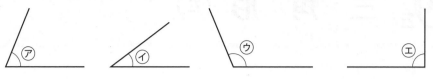

3 右の図で，アは二等辺三角形，イは
正三角形です。

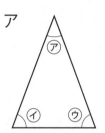 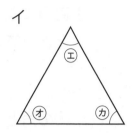

(1) ㋑の角と大きさが等しい角はどの角
ですか。

(2) ㋒の角と大きさが等しい角はどの角ですか。

4 次の図で，⑦の角と等しい大きさの角はそれぞれどれですか。

(1)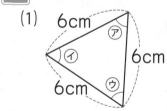

(2)

5 次の2つの図で，⑦の角より大きい角はどれですか。全部答えなさい。

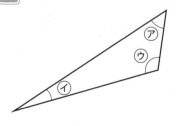

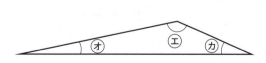

19日 三 角 形 (4)

右の図は，1組の三角じょうぎ を表しています。

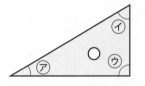

(1) 直角になっている角は，どれ とどれですか。

①

(2) ⑦の角と㋤の角は，どちらが大きいですか。

②

ポイント 三角じょうぎの2つの三角形は，角の大きさが決まっていて，どちらも1つの角は直角です。また，上の図の右の三角じょうぎは，直角二等辺三角形といいます。

1 右の図は，1組の三角じょうぎを表しています。次の(1)から(4)の2つの角の大きさをくらべたときの大，小を不等号を使って表しなさい。

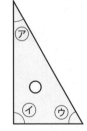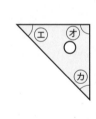

(1) ⑦と㋒　　　　　　(2) ㋤と㋣

⑦  ㋒　　　　㋤  ㋣

(3) ⑦と㋤　　　　　　(4) ㋒と㋕

⑦ ㋤　　　　㋒  ㋕

2 下の図のように，三角じょうぎを２まいならべました。できた図形の名まえを答えなさい。

(1)

(2)

(3)

(4)

(5)

3 右の図のように，１つの辺^{へん}の長さが４cmの正三角形を６まいならべました。できた図形のまわりの長さは何cmですか。
(式^{しき})

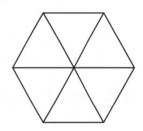

(答え)

4 １つの辺の長さが３cmの正三角形を，右の図のようにならべました。

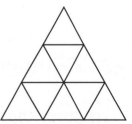

(1) 図のなかに，１つの辺の長さが３cmの正三角形は何こありますか。

もれがないように数えよう。

(2) 図のなかに，１つの辺の長さが６cmの正三角形は何こありますか。

まとめテスト (4)

➡ 答えは 75 ページ

| 月 | 日 |

時間 **20分**
【はやい15分・おそい25分】

得点

合格 **80点**

点

① 次の三角形のうち, 二等辺三角形と正三角形はどれですか。それぞれ全部えらんで答えなさい。(10点)

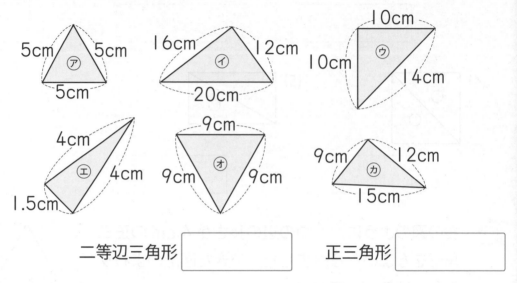

二等辺三角形 [   ]   正三角形 [   ]

② 次の⑦から㋔の角の大きさを, 小さいじゅんに書きなさい。(10点)

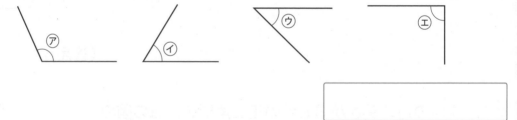

[   ]

③ 次の(1)と(2)の三角形を, じょうぎとコンパスを使ってかきなさい。

(10点 × 2—20点)

(1) 3つの辺の長さが, それぞれ 2.5 cm, 2.5 cm, 4 cm の二等辺三角形

(2) 3つの辺の長さがどれも 3.5 cm の正三角形

(1)   (2)

④ 右の図は，形は同じで，大きさがちがう
二等辺三角形です。(10点×2—20点)

(1) ㋐と同じ大きさの角はどれですか。

(2) ㋑と同じ大きさの角はどれですか。

⑤ 右の図は，1組の三角じょうぎを表しています。(10点×2—20点)

(1) ㋐から㋕のうち，いちばん大きい角はどれですか。全部答えなさい。

(2) ㋐から㋕のうち，小さい方から3番目の大きさの角はどれですか。

⑥ 1つの辺の長さが1cmの正三角形を，右の図のようにならべました。(10点×2—20点)

(1) 図のなかに，1つの辺の長さが3cmの正三角形は何こありますか。

(2) 図のなかに，1つの辺の長さが2cmの正三角形は何こありますか。

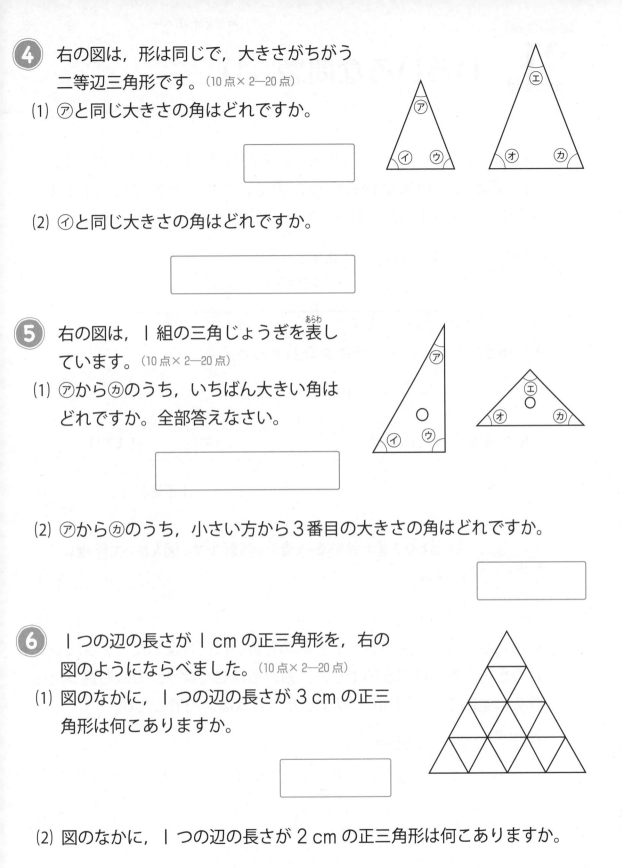

21日 いろいろな問題 (1)

ゆりさんは，色紙を姉から25まい，兄から32まいもらいました。また，母からも何まいかもらったので，もらった色紙は，全部で127まいになりました。母からもらった色紙は何まいですか。

図をかくと，次のようになります。

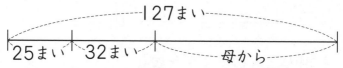

(式) 姉と兄からもらった色紙を合わせると，

25+ ①□ = ②□ （まい）

母からもらった色紙は， ③□ − ②□ = ④□ （まい）

(答え) ⑤□

ポイント たし算とひき算の式を使って考える問題です。図をかいて整理しましょう。

---

1 けんたさんは，チョコレートとあめを買いに行きました。チョコレートは75円，あめは35円でした。ガムもほしくなり，ガムも買ったら，代金は全部で155円になりました。ガムは何円でしたか。

(式) ①□ +35= ②□

③□ − ②□ = ④□

(答え) ⑤□

2 お米が 0.8 kg しかのこっていなかったので、きのう 3.2 kg 買いました。今日 1.6 kg 使うと、お米は何 kg のこっていますか。
(式)

お米は、はじめに何 kg あったのかな？

(答え)

3 たかえさんは、1 つの箱に、りんごを 740 g とみかんを 340 g 入れました。全部の重さは 1 kg 300 g でした。箱だけの重さは何 g ですか。
(式)

(答え)

4 赤のテープが $\frac{3}{9}$ m、青のテープが $\frac{7}{9}$ m あります。赤のテープを $\frac{2}{9}$ m、青のテープを $\frac{5}{9}$ m 使いました。のこりのテープは全部で何 m ですか。
(式)

(答え)

5 右の地図は、だいきさんの家から学校、公園までの道のりと学校から公園までの道のりを表しています。家から学校の前を通って公園まで行く道のりと、家から公園の前を通って学校まで行く道のりのちがいは何 m ですか。
(式)

学校
2km400m
1km100m
家
3km300m
公園

(答え)

22日 いろいろな問題 (2)

１つの箱に，ケーキを４こずつ２列にならべて入れます。88このケーキを箱に入れるためには，箱はいくつあればいいですか。

まず，１箱に入れるケーキのこ数をもとめます。

(式) １つの箱に入れるケーキのこ数は，

$$4 × \boxed{①} = \boxed{②} （こ）$$

88こを同じこ数ずつ分けていくので，
「いくつ分＝全部の数÷１つ分」のわり算になります。

箱の数は， $\boxed{③} ÷ \boxed{②} = \boxed{④}$ （箱）

(答え) $\boxed{⑤}$

ポイント かけ算とわり算を使う問題です。
「全部の数＝１つ分×いくつ分」で，
「いくつ分＝全部の数÷１つ分」です。

1 ３本で96円のえん筆があります。このえん筆を１ダース買うと，代金は何円になりますか。

１ダースは何本だったかな？

(式) $\boxed{①} ÷ 3 = \boxed{②}$

$\boxed{②} × \boxed{③} = \boxed{④}$

(答え) $\boxed{⑤}$

2 | 1つの辺の長さが 12 cm の正三角形があります。この正三角形のまわりの長さは，まわりの長さが 9 cm の正三角形の何倍ですか。

(式)

(答え)

3 | 1セット4まいのおり紙を 12 セット用意しました。これを8人で分けると，1人分は何まいになりますか。

(式)

(答え)

4 | おはじきが 55 こあります。これを5こずつふくろに入れて，1ふくろを 70 円で売ります。全部売れると何円になりますか。

(式)

(答え)

5 | かんジュース 72 本を8つの箱に同じ数ずつ分けて入れます。このかんジュース1本の重さは 375 g です。1箱に入っているかんジュースの重さは何 kg 何 g になりますか。

(式)

(答え)

23日 いろいろな問題 (3)

１こ45円のかきを7こと, １こ115円のりんごを5こ買います。代金は, 全部で何円になりますか。

全部の代金＝かきの代金＋りんごの代金　になります。

まず, かきの代金と, りんごの代金をそれぞれもとめます。

(式) かきの代金は, $45 \times$ ①□ ＝ ②□ (円)

りんごの代金は, ③□ $\times 5 =$ ④□ (円)

全部の代金は, ②□ ＋ ④□ ＝ ⑤□ (円)

(答え) ⑥□

ポイント　かけ算とたし算を使う問題です。どんなじゅん番で計算すればよいかを, はじめに考えましょう。

1 男の子が5人, 女の子が4人います。72このみかんを同じ数ずつ分けると, １人分は何こになりますか。

(式) $5 +$ ①□ ＝ ②□

③□ $\div$ ②□ ＝ ④□

(答え) ⑤□

2 けんじさんは180 mL入りのかんジュースを2本飲みました。まさおさんは、1本のかんジュースの3倍のりょうの麦茶を飲みました。けんじさんが飲んだかんジュースと、まさおさんが飲んだ麦茶のりょうのちがいは何mLですか。

(式)

(答え)

3 たけしさんたち兄弟3人が、1000円で310円の本を1さつと、1本75円のえん筆を8本買いました。おつりは兄弟3人で同じになるように分けました。たけしさんがもらったお金は何円ですか。

(式)

おつりはいくらになるかな？

(答え)

4 みかんが64こあります。これを1箱に6こずつ8つの箱に入れていきました。そのあと、1つの箱に4こずつ入れていきました。4こずつ入れた箱はいくつできますか。

(式)

(答え)

5 りえさんは、1たば10まいの色紙を4たば持っています。今日、母からもらった36まいの色紙を姉妹3人で同じ数ずつ分けました。りえさんが持っている色紙は何まいになりましたか。

(式)

(答え)

24日 いろいろな問題（4）

１さつ125円のノートを6さつと，4こ84円の消しゴムを3こ買いました。代金は全部で何円になりますか。

（式）まず，消しゴム1このねだんをもとめます。

①□ ÷4= ②□

消しゴム3この代金は，②□ ×3= ③□ （円）

ノート6さつの代金は，125×6= ④□ （円）

全部を合わせた代金は，③□ + ④□ = ⑤□ （円）

（答え）⑥□

ポイント わり算，かけ算，たし算がまじった問題です。消しゴムの代金をもとめるには，まず1このねだんをもとめることがひつようです。

1 1こ35円のみかんを3円安くして売っています。このみかんを12こ買って，500円出しました。おつりは何円ですか。

（式）①□ − ②□ = ③□

③□ ×12= ④□

500− ④□ = ⑤□

（答え）⑥□

2 大，小2しゅるいの箱があります。小の箱にはおかしが4こ入ります。大の箱には，小の箱の3倍のおかしが入ります。小の箱を5箱と大の箱を2箱買いました。おかしは全部で何こ買いましたか。

(式)

大の箱1つには小の箱3つ分のおかしが入っているよ。

(答え)

3 牛にゅうが6L2dLあります。毎日5dLずつ1週間飲んで，のこりは3dLずつコップに分けていきました。コップは何こいりますか。

(式)

(答え)

4 ゆみさんは妹と弟の3人でおばさんの家へ行きました。バス代は1人90円，電車ちんは1人230円かかります。帰りも電車とバスに乗って帰りました。3人の運ちんは全部で何円ですか。

(式)

(答え)

5 りんごが72こあります。これを1こ120円で売りましたが，18こ売れのこりました。売れのこったりんごを，1こにつき15円安くして売ったら全部売れました。売れたお金は全部で何円ですか。

(式)

(答え)

① 同じねだんのあめを 5 こ買ったら, 代金は 45 円でした。このあめを 12 こ買ったら, 代金は何円になりますか。(12点)

(式)

(答え)

② りかさんは毎日なわとびを 85 回, ゆみさんは 65 回とびます。1 週間では, りかさんはゆみさんより何回多くとびますか。(12点)

(式)

(答え)

③ 500 mL 入りのジュースと 350 mL 入りのジュースのペットボトルが, それぞれ 3 本ずつあります。このジュースを 1.8 L 入るびんにうつしかえました。ペットボトルにのこるジュースは全部で何 mL ですか。

(14点)

(式)

(答え)

④ けんたさんはあめを 40 こ持っています。ひろしさんに 12 こあげ, ゆみさんから何こかもらったので, 37 こになりました。ゆみさんからもらったあめは何こですか。(12点)

(式)

(答え)

⑤ １こ 145 円のなしを 18 こと，１こ 35 円のみかんを 28 こ買いました。なしの代金は，みかんの代金より何円多いですか。(12点)

（式）

（答え）⬚

⑥ 男の子 4 人と女の子 3 人がいます。おり紙をみんなが同じまい数ずつ使いました。使ったおり紙は全部で 63 まいでした。１人何まいずつ使いましたか。(12点)

（式）

（答え）⬚

⑦ 3 つのふくろに，おはじきがそれぞれ 32 こ，26 こ，38 こ入っています。これを全部合わせて 3 人で同じこ数ずつ分けました。１人分は何こになりますか。(14点)

（式）

（答え）⬚

⑧ １こ 35 円のみかんを 9 こ買ったら，代金を 288 円にしてくれました。みかん１こについて何円安くしてくれましたか。(12点)

（式）

（答え）⬚

26日 重なりに目をつけて（1）

30 cm のテープを，次の図のようにつなぎました。テープのはしからはしまでの長さは何 cm ですか。

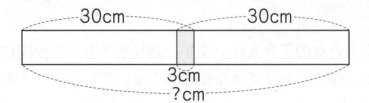

テープ2本をつなぎ目なく合わせた長さは， ① ☐ cm です。

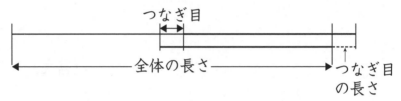

（式）　2本つないだときのはしからはしまでの長さは，つなぎ目の長さだけ短くなるので，① ☐ － ② ☐ ＝ ③ ☐ （cm）

（答え）④ ☐

ポイント テープを2本つなぐと，全体の長さは，つなぎ目の長さだけ短くなります。

1 長さが 50 cm のテープと 60 cm のテープを，5 cm 重ねてつなぎました。テープ全体の長さは何 cm ですか。

（式）　50+ ① ☐ ＝ ② ☐

② ☐ － ③ ☐ ＝ ④ ☐

（答え）⑤ ☐

2 70 cm のテープを2本つないだら，全体の長さが 132 cm になりました。つなぎ目の重なりは何 cm ですか。

全体の長さは，つなぎ目の長さだけ短くなるよ。

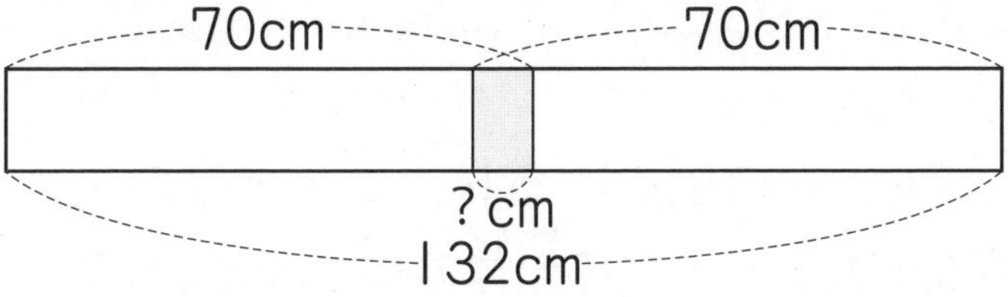

（式）

（答え）

3 長さが 135 cm のテープと 165 cm のテープを，12 cm 重ねてつなぎました。テープ全体の長さは何 cm ですか。
（式）

（答え）

4 長さが 12.5 cm のテープと 17.5 cm のテープを重ねてつないだら，テープ全体の長さが 28.5 cm になりました。つなぎ目の重なりは何 cm ですか。
（式）

（答え）

5 右の図のように，外がわの円の直径が 3 cm で，あつさが 0.2 cm の同じ大きさのリングを2こつなぎました。全体の長さは何 cm ですか。 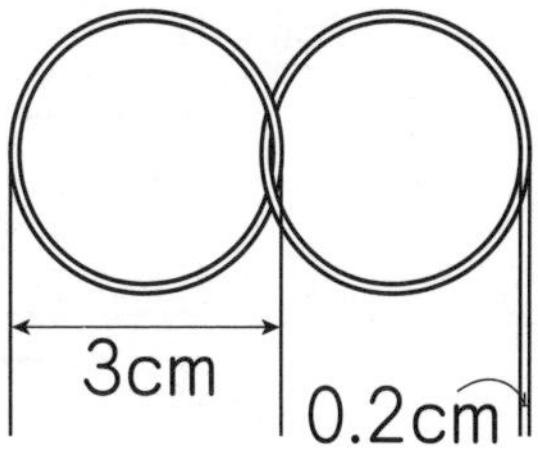
（式）

3cm   0.2cm

（答え）

27日 重なりに目をつけて（2）

長さが 20 cm のテープを，次の図のように，つなぎ目の長さを
4 cm にして 3 本つなぎました。テープの全体の長さは何 cm ですか。

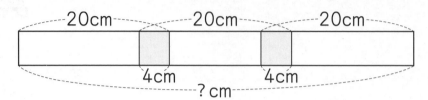

（式）テープ3本をつなぎ目なく合わせた長さは，① [＿＿] cm です。

つなぎ目2つを合わせた長さは，② [＿＿] ×2＝③ [＿＿]（cm）

全体の長さは，① [＿＿] －③ [＿＿] ＝④ [＿＿]（cm）

（答え）⑤ [＿＿＿＿]

ポイント テープを3本つなぐ問題です。考え方は2本のときと同じですが，つなぎ目が2つできます。

---

1 長さが 45 cm のテープを，つなぎ目が同じ長さになるようにして 3 本
つなぐと，全体の長さが 1 m 27 cm になりました。1 つのつなぎ目を
何 cm にしましたか。

つなぎ目は2つあるよ。

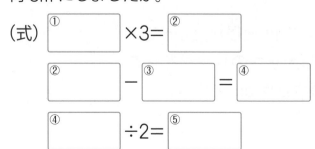

（式）① [＿＿] ×3＝② [＿＿]

② [＿＿] －③ [＿＿] ＝④ [＿＿]

④ [＿＿] ÷2＝⑤ [＿＿]

（答え）⑥ [＿＿＿＿]

2 長さが 50 cm の青いテープ，60 cm の白いテープ，70 cm の赤いテープがあります。青いテープと白いテープは 5 cm 重ねてつなぎ，白いテープと赤いテープは 10 cm 重ねてつなぎました。全体の長さは何cm になりますか。

（式）

（答え）

3 右の図のように，外がわの円の直径が 13 cm で，あつさが 2 cm の同じ大きさのリングを 3 こつなぎました。全体の長さは何 cm ですか。

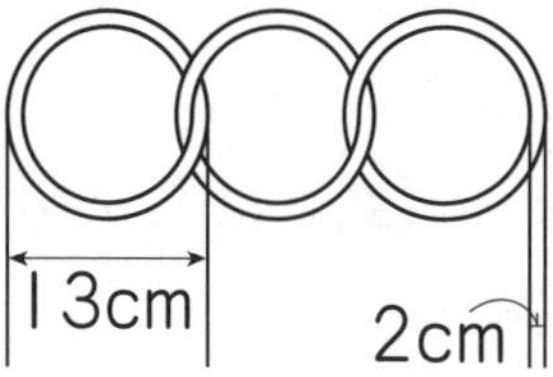

（式）

13cm 2cm

（答え）

4 長さが 16 cm のテープを 4 cm ずつ重ねて 4 本つなぎました。全体の長さは何 cm になりますか。

（式）

（答え）

5 長さが 50 cm のテープを，つなぎ目が同じ長さになるようにして 5 本つなぐと，全体の長さは 2 m 26 cm になりました。1 つのつなぎ目を何 cm にしましたか。

（式）

つなぎ目はいくつできるかな。

（答え）

28日 間の数 (1)

➡答えは80ページ

月　日

公園の道に，木を6mおきに1列に4本植えました。はじめの木からさいごの木までのきょりは何mですか。

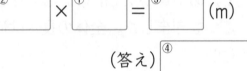

右の図から，木と木の間の数は，

① [　　　] つあります。

(式) はしからはしまでの長さは，② [　　　] × ① [　　　] = ③ [　　　] (m)

(答え) ④ [　　　]

木を同じ間かくで植えたとき，
「はしからはしまでの長さ＝間かくの長さ×間の数」
間の数は，「木の本数－1」になります。

1 まっすぐな道路にそって，同じ間かくで10本の木が植えてあります。両はしの木と木は72mはなれています。木は何mの間かくで植えられていますか。

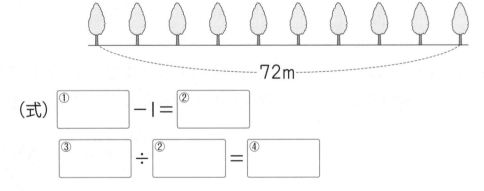

(式) ① [　　　] － 1 = ② [　　　]

③ [　　　] ÷ ② [　　　] = ④ [　　　]

(答え) ⑤ [　　　]

2 あきらさんの学校の校庭には，さくらの木が 5 m の間かくでまっすぐ
に植えてあります。さくらの木のはしからはしまでは 50 m あります。
さくらの木は，何本植えてありますか。

（式）

（答え）

3 道にそって，14 m おきに木がまっすぐに植えてあります。けんじさん
は 1 本目の木から 25 本目の木まで走りました。けんじさんが走ったき
ょりは何 m ですか。

（式）

（答え）

4 下の図のように，黒い丸の間に白い丸を 5 こずつならべます。7 こ目の
黒い丸までに，白い丸は全部で何こならんでいますか。

●○○○○○●○○○○○●○○○○○●○………

（式）

（答え）

5 スタートからゴールまで休まずに歩くと，5 時間かかるハイキングコー
スがあります。このコースを，1 時間歩いたら 15 分休むことにして歩
きました。スタートしてからゴールするまでに何時間かかりますか。

（式）

15 分の休みは
何回あるかな。

（答え）

29日 間 の 数 (2)

池のまわりに 15m おきに木が8本植えてあります。この池のまわりの長さは何 m ですか。

(式) 右の図から，木と木の間の数は，

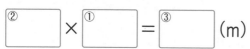

①[　　　] つあります。

池のまわりの長さは，

②[　　　]×①[　　　]=③[　　　](m)

(答え) ④[　　　]

ポイント
池のまわりに木を植えたとき，
「まわりの長さ＝間かくの長さ×間の数」
間の数は，木の本数と同じ数になります。

1 池のまわりに 8m おきに木が何本か植えてあります。この池のまわりの長さは 88m あります。池のまわりには何本の木が植えてありますか。

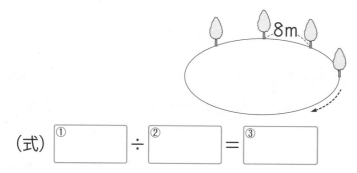

(式) ①[　　　]÷②[　　　]=③[　　　]

(答え) ④[　　　]

2 まわりの長さが 32 m の池のまわりに，同じ間かくでぼうを 8 本立てました。ぼうは，何 m の間かくで立てましたか。

（式）

（答え）☐

3 クラスの 32 人が，となりの人との間が 2 m になるように，ロープを両手につないで円をつくりました。できた円のまわりの長さは何 m ですか。

（式）

人数と間の数は同じになるよ。

（答え）☐

4 長方形の形をした公園のまわりに，右の図のように，15 m おきに木が 124 本植えてあります。この公園のまわりの長さは何 m ですか。

（式）

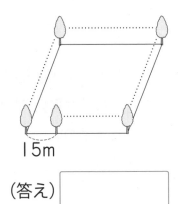
15m

（答え）☐

5 1 つの辺の長さが 14 cm の正方形があります。この正方形のまわりに，右の図のように，ちょう点から 2 cm おきに点を打っていきます。点は全部で何こになりますか。

（式）

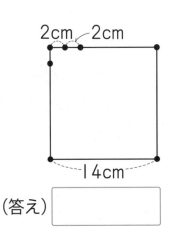
2cm 2cm
14cm

（答え）☐

30日 まとめテスト (6)

① 長さ 45 cm の 2 本のテープを，つなぎ目を 5 cm にしてつなぎます。全体の長さは何 cm になりますか。(12点)

(式)

(答え) ＿＿＿＿＿

② まわりの長さが 63 m の池があります。この池のまわりに木を 9 本植えます。木と木の間かくを同じ長さにして植えるためには，何 m おきに植えればよいですか。(12点)

(式)

(答え) ＿＿＿＿＿

③ まさしさんがかねを鳴らします。1 回目のかねを鳴らしてから 10 秒ごとに 1 回鳴らすようにすると，10 回目のかねを鳴らすまでに何秒かかりますか。(14点)

(式)

(答え) ＿＿＿＿＿

④ 15 cm のテープを 3 cm ずつ重ねて 3 本つなぎます。全体の長さは何 cm になりますか。(12点)

(式)

(答え) ＿＿＿＿＿

⑤ まわりの長さが 69 cm の植木ばちがあります。この植木ばちのまわりに，3 cm おきに花のたねを 1 こずつ植えていきます。花のたねは何こいりますか。(12点)

(式)

(答え) [   ]

⑥ 長さ 85 cm と 95 cm の 2 本のテープをつないだら，全体の長さが 1 m 64 cm になりました。つなぎ目は何 cm ですか。(12点)

(式)

(答え) [   ]

⑦ 下の図のように，●の間に○を 3 こずつならべます。9 こ目の●までに，○は全部で何こならんでいますか。(12点)

●○○○●○○○●○○○●○○○●○○○●○○○●……

(式)

(答え) [   ]

⑧ 25 cm のテープを 5 cm ずつ重ねて 4 本つなぎます。全体の長さは何 cm になりますか。(14点)

(式)

(答え) [   ]

➡答えは 81 ページ

月　　　日

進級テスト

時間　**30分**
【はやい25分・おそい35分】

得点

合格　**80点**

点

① ケーキが 38 こあります。同じ数ずつ 7 人で分けると，1 人分は何こで，何こあまりますか。(8 点)

(式)

(答え)

② 右の表は，ある日の 3 年生のけっせき者数を調べてとちゅうまで整理したものです。男子と女子のけっせき者数のちがいは何人ですか。(8 点)

(式)

けっせき者数　　　　　　　　(人)

男女＼組	1 組	2 組	3 組	合計
男子	3		6	
女子	5	2		
合計		7	8	

(答え)

③ 次の三角形の⑦の角，⑰の角と等しい大きさの角はどれですか。

(4 点 × 2—8 点)

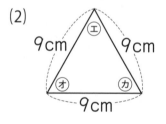

(1)
8cm　11cm
11cm
⑦ ⑦ ⑦

(2)
9cm　9cm
9cm
⑦ ⑦ ⑦

④ 長さ 1 m のひもから 12 cm のひもを 3 本つくり，のこったひもから 7 cm のひもをできるだけ多くつくります。ひもは何 cm あまりますか。(8 点)

(式)

(答え)

⑤ 油が 1 L あります。きのう $\frac{2}{7}$ L 使い，今日 $\frac{1}{7}$ L 使いました。油はあと何Lのこっていますか。 (8点)

(式)

(答え)

⑥ 右の図の㋐と㋑の三角形は，半径 3 cm 5 mm の円を使ってかいたものです。(4点×2—8点)

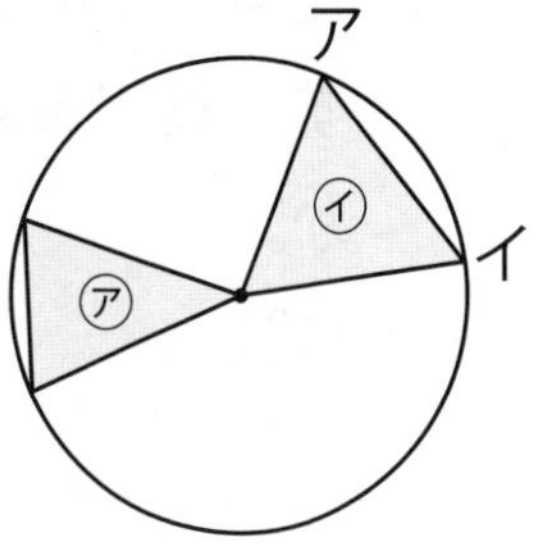

(1) ㋐の三角形は何という三角形ですか。

(2) ㋑の三角形は正三角形です。辺アイの長さは，何 cm ですか。

⑦ りえさんは，585 円のおべんとうと，85 円のお茶をそれぞれ5人分買いました。お店の人が 3300 円にしてくれました。いくら安くしてくれましたか。 (8点)

(式)

(答え)

⑧ 牛にゅうが 3.6 L あります。朝に 0.3 L，夕方に 0.7 L 飲みました。牛にゅうはあと何Lのこっていますか。 (10点)

(式)

(答え)

⑨ 長さが 110 cm と 75 cm のテープ 2 本を，つなぎ目を 8 cm にして重ねてつなぎました。テープ全体の長さは何 cm になりますか。(8点)

（式）

（答え）☐

⑩ 右のぼうグラフは，ゆきさんの家の前を通った乗り物の数を調べてグラフに表したものです。乗用車の台数は，バスの台数の何倍ですか。(8点)

（式）

（台）　　乗り物調べ

30

20

10

0

自転車　バス　乗用車　トラック　その他

（答え）☐

⑪ 63 このあめを同じ数ずつふくろに入れていくと，7 つのふくろができました。1 つのふくろに入っているあめのこ数を☐として，かけ算の式で表し，1 つのふくろに入っているあめのこ数をもとめなさい。(10点)

（式）

（答え）☐

⑫ 長さが 36 m のまっすぐな道にそって，木が 3 m おきに植えてあります。植えられている木は何本ですか。(8点)

（式）

（答え）☐

文章題・図形 **9級**

●1日 2〜3ページ

①13 ②4 ③1 ④1本

1 ①8 ②6 ③6 ④6こ

2 (式) 48÷7=6 あまり 6　　　(答え) 6 dL

3 (式) 61÷8=7 あまり 5　　　(答え) 5 cm

4 (式) 44÷5=8 あまり 4　　　(答え) 4 こ

5 (式) 56÷6=9 あまり 2　　　(答え) 2 ページ

とき方

1 全部の数÷1つ分=いくつ分 を使うわり算で,あまりが出る問題です。全部の数が 54 こ, 1つ分の数が 8 こで, いくつ分が 6 人にあたります。54÷8=6 あまり 6 で, あまりの 6 がのこっているみかんのこ数になります。

チェックポイント あまりが出るわり算では, かならずたしかめをしましょう。
次の式でたしかめます。
わられる数=わる数×答え+あまり
8×6=48　48+6=54 で, 計算が正しいことがわかります。

2 4 L 8 dL=48 dL です。48 dL を 7 dL ずつに分けたときに, あまりが出る問題です。計算は, 48÷7=6 あまり 6 になります。答えの 6 はコップの数, あまりの 6 はのこったジュース 6 dL を表しています。

3 61 cm を 8 人で 7 cm ずつ分けたときに, あまりが出る問題です。
61÷8=7 あまり 5 で, 答えの 7 は 1 人分の 7 cm, あまりの 5 はのこりのリボン 5 cm を表しています。

4 44÷5=8 あまり 4 で, 答えの 8 は 1 人分のあめの数, あまりの 4 はあめが 4 こあまることを表しています。

5 56 ページを 6 ページずつに分けていくので, 計算は, 56÷6=9 あまり 2 になります。これは, 6 ページずつ 9 日間読んだとき, 2 ページのこっていることを表しています。10 日目

に読むのは 2 ページになります。

チェックポイント 56 ページの本を毎日 6 ページずつ読んでいくと, 全部読み終わるまでには, 10 日かかることになります。

●2日 4〜5ページ

①11 ②3 ③2 ④2本

1 ①8 ②4 ③4 ④4こ

2 (式) 35÷4=8 あまり 3　　　(答え) 3 cm

3 (式) 20÷6=3 あまり 2　　　(答え) 2 人

4 (式) 58÷6=9 あまり 4　　　(答え) 4 人

5 (式) 38÷6=6 あまり 2　　　(答え) 2 dL

とき方

1 全部の数÷1つ分=いくつ分 を使うわり算で,あまりが出る問題です。全部の数が 36 こ, 1つ分が 8 こで, いくつ分が 4 ふくろにあたります。36÷8=4 あまり 4 で, あまりの 4 がふくろに入らなかったあめのこ数になります。

2 はばが 35 cm の本立てに, あつさ 4 cm の本を, できるだけ多く何さつならべることができるかをもとめます。35÷4=8 あまり 3 になります。答えの 8 はならべることができる本の数, あまりの 3 がならべた本と本立てのすき間の長さ 3 cm を表しています。

3 20 人を 6 そうのボートに分けたときのいくつ分をもとめる問題で, あまりが出る問題です。20÷6=3 あまり 2 で, 答えの 3 が 1 そうのボートに乗る人数, あまりの 2 は乗れなかった人数を表しています。

チェックポイント 20 人全員が一度にボートに乗るためには, 3 人が乗るボートが 6 そうと, 2 人が乗るボートが 1 そうの合わせて 7 そういることになります。

4 58 人を 6 人ずつに分けていくので, 計算は, 58÷6=9 あまり 4 になります。これは, 6

65

人ずつすわったいすが9きゃくあり，さいごの1きゃくにだけ4人がすわったことを表しています。

5　3L8dL＝38dL です。38dL を 6dL ずつに分けていくので，計算は，38÷6＝6あまり2 になります。これは，6dL ずつ6日間飲んだあと，2dL のこっていることを表しています。7日目に 2dL を飲んだら，牛にゅうはなくなります。

●3日 6～7ページ
①35　②8　③3　④8本　⑤3cm
1　①6　②8　③2　④8まい　⑤2こ
2　(式)58÷6＝9あまり4
　　　　　(答え)9ふくろできて，4こあまる
3　(式)30÷8＝3あまり6
　　　　　(答え)1人分は3こで，6こあまる
4　(式)20÷3＝6あまり2
　　　　　(答え)1頭分は6まいで，2まいあまる
5　(式)52÷9＝5あまり7
　　　　　(答え)5本できて，7dLあまる

とき方
1　50こを6こずつに分けていくことになります。計算は，50÷6＝8あまり2 になります。これは，絵を8まいはることができて，2この画びょうがあまることを表しています。
2　58こを6こずつに分けてふくろに入れていきます。全部のりょう÷1つ分＝いくつ分 を使うわり算です。58÷6＝9あまり4 から，ふくろが9ふくろできて，あまりが4こになります。

チェックポイント　あまりのあるわり算では，あまりをまちがえないようにしましょう。あまりの数は，かならずわる数より小さくなります。かくにんしましょう。

3　全部のりょう÷いくつ分＝1つ分 のわり算を使って，チョコレート1人分のこ数をもとめます。全部のこ数が30こ，いくつ分が8人にあたります。30÷8＝3あまり6 になるので，1人分は3こで，6こあまることになります。
4　20まいのビスケットを3頭の犬に同じまい数ずつ分けていくので，計算は，20÷3＝6

あまり2です。
　答えの6は1頭分のビスケットのまい数，あまりの2はのこったまい数を表しています。

5　5L2dL＝52dL です。52dL を 9dL のびんに分けるので，52÷9＝5あまり7 になります。びんは，5本でき，7dLあまります。

チェックポイント　あまりのあるわり算では，答えとあまりが何を表しているのかを，きちんと考えましょう。

●4日 8～9ページ
①52　②6　③8　④9　⑤9きゃく
1　①4　②8　③2　④1　⑤9　⑥9そう
2　(式)58÷6＝9あまり4　9＋1＝10
　　　　　(答え)10こ
3　(式)62÷8＝7あまり6　7＋1＝8
　　　　　(答え)8回
4　(式)45÷7＝6あまり3　6＋1＝7
　　　　　(答え)7日
5　(式)48÷5＝9あまり3　5－3＝2
　　　　　(答え)2kg

とき方
1　34人を4人ずつに分けていくので，計算は，34÷4＝8あまり2 になります。答えの8は4人が乗るボートの数で，2あまることから，のこりの2人が1そうのボートに乗ることになります。

チェックポイント　ボートの数は，4人が乗る8そうに，2人が乗る1そうをたして9そうになります。1をたすことをわすれないようにしましょう。

2　58こを6こずつに分けて，箱に入れていきます。全部のりょう÷1つ分＝いくつ分 を使うわり算です。58÷6＝9あまり4 から，6こ入れた箱が9こいります。また，りんごが4こあまるので，この4こを入れるために，箱がもう1こいります。
3　全部のりょう÷1つ分＝いくつ分 のわり算を使って，運ぶ回数をもとめます。全部のりょうが62さつ，1つ分が8さつになります。

62÷8=7 あまり 6 になるので，7 回運んだ
あと，6 さつあまっています。さいごに 6 さつ
を運ばなければいけないので，全部で 8 回運び
ます。

4 45 ページを 7 ページずつに分けていくことに
なります。計算は，45÷7=6 あまり 3 にな
ります。全部読み終えるには，6 日間読んで，
あまった 3 ページを読むための 1 日をたして，
7 日かかります。

5 48 kg を 5 kg ずつに分けるので，
48÷5=9 あまり 3 になります。5 kg 入れた
ふくろが 9 ふくろできて，3 kg あまります。
3 kg を 5 kg にするために，あと 2 kg いりま
す。

● **5日 10 ～ 11 ページ**

① （式）35÷8=4 あまり 3　　　　（答え）3 まい
② （式）67÷7=9 あまり 4　　　　（答え）4 こ
③ （式）85÷9=9 あまり 4
　　　　　　（答え）9 本できて，4 cm あまる
④ （式）40÷7=5 あまり 5
　　　　　　（答え）5 こできて，5 dL あまる
⑤ （式）43÷5=8 あまり 3　　　　（答え）3 dL
⑥ （式）62÷7=8 あまり 6　　　　（答え）6 こ
⑦ （式）53÷6=8 あまり 5　 8+1=9
　　　　　　　　　　　　　　（答え）9 つ
⑧ （式）38÷4=9 あまり 2　 9+1=10
　　　　　　　　　　　　　　（答え）10 回

| とき方 |

① 全部のりょう÷いくつ分=1つ分 のわり算にな
ります。35÷8=4 あまり 3 になるので，3
まいあまります。
② 67 こを 7 こずつに分けてふくろに入れていき
ます。全部のりょう÷1つ分=いくつ分 を使う
わり算です。67÷7=9 あまり 4 から，ふく
ろに入らなかったみかんは，4 こです。
③ 85 cm を 9 cm ずつに分けていくので，計算
は，85÷9=9 あまり 4 です。9 cm のひも
は 9 本できて，4 cm あまります。
④ 4 L=40 dL です。40 dL を 7 dL ずつに分
けるので，40÷7=5 あまり 5 になります。
7 dL 入っているコップは 5 こできて，5 dL

あまります。
⑤ 4 L 3 dL=43 dL です。43÷5=8 あまり 3
になるので，5 dL ずつ 8 回，さいごに 3 dL
くみ出したことになります。
⑥ 62 こを 7 人で分けていくので，計算は，
62÷7=8 あまり 6 です。1 人分は 8 こにな
って，6 こあまります。
⑦ 53 こを 6 こずつパックに分けていくので，計
算は，53÷6=8 あまり 5 になります。あま
りの 5 こを入れるためのパックがもう 1 ついり
ます。
⑧ 38 箱を 4 箱ずつ運ぶので，計算は，
38÷4=9 あまり 2 になります。
あまりの 2 箱を運ぶための 1 回をたして，全部
で 10 回になります。

● **6日 12 ～ 13 ページ**

①18　②1　③8　④6　⑤3　⑥216　⑦216 円
1 ①12　②15　③180　④180 本
2 （式）36×24=864　　　　（答え）864 こ
3 （式）85×38=3230　　　（答え）3230 mL
4 （式）78×32=2496　　　（答え）2496 円
5 （式）35×28=980　 980 cm=9 m 80 cm
　　　　　　　　　　　（答え）9 m 80 cm

| とき方 |

1 1ダース=12本 です。1 つあたりの数が 12
本で 15 ダース分の本数をもとめるので，
12×15 になります。

《チェックポイント》　12×15 の筆算は，12×1
と，12×5 の 1 けたをかける筆算のくり返し
になります。

2 1つあたりの数×いくつ分=全部の数 のかけ算
になります。1 つあたりの数が 36 こ，いくつ
分が 24 箱になるので，式は，36×24 です。

3 1人あたりのジュースが 85 mL で，人数が
38 人分だから，85×38 の式でもとめること
ができます。

《チェックポイント》　かけ算でもとめるときは，か
けられる数とかける数が何かをしっかり考えま
しょう。1 つあたりの数が何か，それがいくつ

分あるのかもよく考えましょう。また，筆算の計算では，くり上がりに気をつけて，計算まちがいをしないようにしましょう。

4 1人分の代金が 78 円で，32 人分だから，78 が 32 あることになります。全部の代金は，78×32 でもとめます。

5 1つあたりの数×いくつ分＝全部の数 のかけ算です。1つあたりの数は 35 cm，いくつ分が 28 本にあたります。リボンの長さをもとめる式は，35×28＝980(cm) です。
1 m＝100 cm だから，
980 cm＝9 m 80 cm になります。

●7日 14〜15 ページ
①1715 ②245 ③4165 ④4165円

1 ①135 ②3915 ③39 ④15
⑤39 m 15 cm

2 (式) 260×12＝3120 　　(答え) 3120 人

3 (式) 355×32＝11360 　(答え) 11360 円

4 (式) 126×46＝5796 　(答え) 5796 人

5 (式) 12×365＝4380 　(答え) 4380 題

とき方

1 1 m 35 cm＝135 cm です。135 cm が 29 本分あるので，135×29＝3915(cm) になります。

チェックポイント 1 m＝100 cm だから，
10 m＝1000 cm になります。
3000 cm＝30 m，900 cm＝9 m になるので，3915 cm＝39 m 15 cm です。

2 1両あたりの人数が 260 人で，12 両分だから，260×12 でもとめることができます。
3けた×2けたの 筆算 は，3けた×1けたの筆算のくり返しになります。

3 1人分は 355 円で，32 人分だから，355×32 のかけ算でもとめます。

チェックポイント 筆算の計算は右のようになります。2だん目の5 をかくところは1の下になります。0の下から書かないようにしましょう。

```
    355
  ×  32
    710
  1065
 11360
```

4 1つあたりの数×いくつ分＝全部の数 のかけ算です。1つあたりのいすの数が 126 きゃく，いくつ分が 46 列にあたります。126×46 でもとめることができます。

5 1年は 365 日だから，1日 12 題を 365 日分することになります。式は，12×365 になりますが，かける数とかけられる数は入れかえてもよいので，計算するときは，365×12 の筆算をします。

チェックポイント かけられる数が，2 けた，3 けたと大きくなりますが，計算するときは，1 けたをかけるかけ算のくり返しになります。九九がしっかりできるようにしておきましょう。

●8日 16〜17 ページ
①1 ②7 ③13 ④野球 ⑤テニス ⑥32

1 (式) 11+2+4＝17　31−17＝14
　　　　　　　　　　　　　(答え) 14 人

2 (1)①14 ②2
(2)(式) 14+5+3+2+1＝25 　(答え) 25 台

3 (1)ぼうグラフ
(2)100 m
(3)(式) 700−200＝500 　(答え) 500 m

とき方

1 カレーがすきな人は，31 人から 11 人，2 人，4 人をひいたのこりの人数になります。
11+2+4＝17(人) だから，カレーがすきな人は，31−17＝14(人) になります。

2 (1)バスは 2 台，乗用車は 14 台，せいそう車は 1 台，トラックは 3 台，自転車は 5 台です。
(2)全部の台数をたしたものになるので，
14+5+3+2+1＝25(台) になります。

チェックポイント 人数などを調べるときには，「正」の字を書くとべんりです。「正」の字のたて，横の線が1人を表します。表などをつくるときには，「正」の字を数字に書きなおして整理します。

3 (1)ぼうの長さで大きさを表したものを，ぼうグラフといいます。大きさのちがいをくらべるときにべんりなグラフです。

(2) 500 m までに，目もりが 5 つあるので，1 目もりは 100 m になります。

(3) いちばん遠いのは，駅までの道のりで 700 m あります。いちばん近いのは，公園までの道のりで 200 m あります。

◆チェックポイント◆ グラフを読むときには，1 目もりがいくつ分を表しているのかに注意しましょう。

● 9 日 18 〜 19 ページ

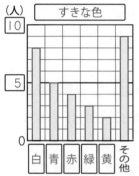

	（人）	すきな色

月 本	8月	9月	合計
物語	20	12	32
絵本	5	16	21
図かん	7	4	11
合計	32	32	64

2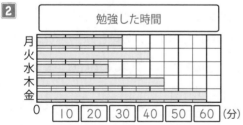

勉強した時間

3 (1)①31 ②27 ③50 ④9 ⑤82
(2) 9 月 (3) ろう下
(4)(式) 50−6＝44 （答え）44 人

とき方

1 たての合計は，8 月と 9 月のそれぞれのしゅるいの本を読んだ人数の合計です。
8 月の合計は，20＋5＋7＝32（人），
9 月の合計は，12＋16＋4＝32（人）です。
横の合計は，本のしゅるいべつの 8 月と 9 月の人数の合計です。

物語の合計は，20＋12＝32（人），
絵本の合計は，5＋16＝21（人），
図かんの合計は，7＋4＝11（人）です。
いちばん右下は，2 か月の間にどれかの本を読んだ人数の合計です。
32＋32＝64 または，32＋21＋11＝64 から，64 人です。

◆チェックポイント◆ いちばん右下の数は，たての合計を合わせた数と横の合計を合わせた数で，かならず同じになります。

2 水曜日と木曜日の時間は，25 分と 45 分なので，グラフの 1 目もりを 5 分にして表してます。

3 (1)①と②は，たての人数を全部合わせます。
③から⑤は，横の人数を全部合わせます。
(2) 9 月の 24 人がいちばん少ない人数です。
(3) けがをした場所は，多い方から，校庭，体育館，ろう下，教室のじゅんになっています。
(4) 校庭の 50 人から教室の 6 人をひきます。

● 10 日 20 〜 21 ページ

1 (1)①17 ②13 ③31
(2)(式) 8−5＝3 （答え）3 人
2 (式) 25×15＝375 （答え）375 m
3 (式) 18×24＝432 （答え）432 dL
4 (式) 315×33＝10395 （答え）10395 円
5 (式) 65×132＝8580 （答え）8 km 580 m
6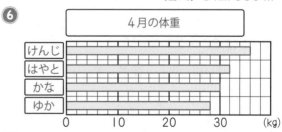

4月の体重

7 ア，イ

とき方

1 (1)①女子のたての列をたします。
②東町の横の列をたします。
③14＋17＝13＋10＋8＝31（人）です。
(2) 西町の横の列の合計から，女子の人数をひきます。

② １つあたりの数×いくつ分＝全部の数 のかけ算
です。
１つあたりの数は 25 m，いくつ分が 15 人に
あたります。
式は，25×15=375（m）になります。

③ １L ８dL=18 dL です。18 dL 入りのびんが
24 本分だから，もとめる式は，18×24 にな
ります。

④ １人分のひ用 315 円の 33 人分だから，もと
める式は，315×33 になります。

⑤ ２時間 12 分=132 分 です。１分間に 65 m
の道のりを進むので，もとめる式は，
65×132 になり，132×65 の筆算をして
8850 m になります。
１km=1000 m だから，8000 m は ８km
になるので，8580 m=8 km 580 m です。

⑥ 10 kg の目もりが５つ目の目もりになってい
るので，１目もりは ２kg になっていることに
注意しましょう。

⑦ 月曜日から金曜日までの間にけっせきした人の
数は，１組で 11 人→7 人→3 人→2 人→1 人，
２組で 8 人→5 人→4 人→5 人→2 人となって
います。
ウ…水曜日，木曜日，金曜日は，２組の方が多
いです。
エ…１組は，11+7+3+2+1=24（人）
２組は，8+5+4+5+2=24（人）
けっせきした人の数は同じです。

●11日 22～23ページ

①分子　②分母　③$\frac{2}{5}$　④$\frac{3}{5}$　⑤$\frac{3}{5}$ m

1　①$\frac{5}{7}$　②$\frac{3}{7}$　③$\frac{2}{7}$　④$\frac{2}{7}$ L

2　(式) $\frac{4}{9}+\frac{5}{9}=1$　　　　　(答え) １km

3　(式) $\frac{7}{8}-\frac{3}{8}=\frac{4}{8}$　　　　(答え) $\frac{4}{8}$ kg

4　(式) $1-\frac{1}{6}=\frac{5}{6}$　　　　(答え) $\frac{5}{6}$ kg

5　(式) $\frac{6}{10}+\frac{2}{10}+\frac{1}{10}=\frac{9}{10}$　(答え) $\frac{9}{10}$ L

とき方

1　$\frac{5}{7}$ よりも $\frac{3}{7}$ 小さい数をもとめるのでひき算
になります。式はふつうのひき算と同じように，
$\frac{5}{7}-\frac{3}{7}$ と書きます。分母はそのままで，5−3
の計算をします。

チェックポイント　分数のひき算は，分母はその
ままで，分子だけのひき算をします。

2　家から駅までの道のりは，$\frac{4}{9}$ km と $\frac{5}{9}$ km を
合わせた道のりになります。
$\frac{4}{9}+\frac{5}{9}=\frac{9}{9}=1$

チェックポイント　$\frac{9}{9}$ のように，計算の答えの
分母と分子が同じ数になったときは，かならず
１になおしましょう。

3　重さのちがいをもとめるので，ひき算です。図
をかくと，次のようになります。

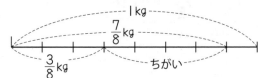

分子だけのひき算，7−3=4 を計算して，$\frac{4}{8}$
になります。

4　１を分数になおすと，分母と分子が同じ数の分
数になるので，$1=\frac{6}{6}$ にして計算します。
$1-\frac{1}{6}=\frac{6}{6}-\frac{1}{6}$ になり，分子だけのひき算，
6−1=5 を計算して，$\frac{5}{6}$ になります。

5　３つの分数のたし算の問題です。３つになって
も，計算のしかたは２つのときと同じです。
分子だけのたし算，6+2+1=9 を計算して，
３つの合計は，$\frac{9}{10}$ になります。

チェックポイント　分数のたし算とひき算は，３
つになっても分母はそのままで，分子だけのた
し算，ひき算をします。

①小数点 ②小数第一位 ③0.8 ④0.6 ⑤0.6 L

1 ①0.9 ②1.4 ③2.3 ④2.3 km

2 (式) 3.4−1.2=2.2　　　　(答え) 2.2 kg

3 (式) 8.6−2.9=5.7　　　　(答え) 5.7 cm

4 (式) 8.4+3.8=12.2　　　(答え) 12.2 L

5 (式) 8.9−3.5=5.4　5.4−1.8=3.6

　　　　　　　　　　　　(答え) 3.6 m

とき方

1 小数のたし算の筆算は，小数点をそろえて書き，整数のときと同じように計算します。くり上がりも同じです。答えの小数点もそろえて書きます。

2 みかんだけの重さは，全部の重さから箱の重さをひいたものです。ひき算の筆算も整数のときと同じように計算します。

3 たんいをそろえて計算します。　　　　8.6
29 mm=2.9 cm です。切りとっ　　 −2.9
た長さは，もとの長さからのこりの　　 5.7
長さをひいた長さになります。

> **チェックポイント** たんいをきちんとなおせるようにしましょう。次のたんいはよく使うので，しっかりとおぼえておきましょう。
> 10 mm=1 cm，1 mm=0.1 cm
> 10 dL=1 L，1 dL=0.1 L
> 1000 mL=1 L，100 mL=0.1 L
> 1000 g=1 kg，100 g=0.1 kg

4 **3** と同じように，たんいをそろえて計算します。
4 dL=0.4 L だから，8 L 4 dL は 8 L と 0.4 L を合わせて 8.4 L です。
38 dL は 3 L と 8 dL だから，38 dL=3.8 L になります。

5 のこりの1本は，8.9 m から 3.5 m と 1.8 m をひいた長さになります。
3つの小数の計算になりますが，じゅん番に計算していきます。
8.9−3.5=5.4(m)　5.4−1.8=3.6(m)

> **チェックポイント** まず，切りとった長さの合計をもとめて，それを 8.9 m からひいてももと

めることができます。
3.5+1.8=5.3(m)　8.9−5.3=3.6(m)

①38 ②51 ③13 ④13人

1 ①138 ②34 ③172 ④172 まい

2 (式) 0.9+□=3.4　　　　(答え) 2.5 km

3 (式) 26+□=62　　　　　(答え) 36 こ

4 (式) 3000−□=1080　　(答え) 1920円

5 (式) $1-\frac{1}{8}-□=\frac{3}{8}$　　　　(答え) $\frac{4}{8}$ L

とき方

1 はじめのまい数−配ったまい数=のこりのまい数 だから，
式は，□−138=34 になります。

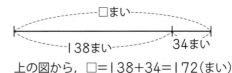

上の図から，□=138+34=172(まい)

> **チェックポイント** □を使った式をつくるときは，まず，ことばの式を書いて，次にことばにあてはまる□と数を書いて式をつくります。□にあてはまる数をもとめるときには，図をかいてみましょう。

2 進んだ道のり+のこりの道のり=全部の道のり で，900 m=0.9 km だから，
式は，0.9+□=3.4 になります。
□=3.4−0.9 でもとめます。

3 はじめの数+もらった数=全部の数 になるので，式は，26+□=62 になります。

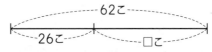

上の図から，□=62−26 でもとめます。

4 はじめのお金−買い物のお金=のこりのお金 になるので，式は，3000−□=1080 になります。

上の図から，□=3000−1080 でもとめます。

5 はじめのりょう－きのうのりょう－今日のりょう＝のこり になるので，式は，$1-\dfrac{1}{8}-\square=\dfrac{3}{8}$ になります。

上の図から，$\square=1-\dfrac{1}{8}-\dfrac{3}{8}$ でもとめます。

● **14日 28〜29ページ**

①6 ②54 ③9 ④9まい

1 ①7 ②5 ③35 ④35dL

2 (式) $\square×6=48$ 　　　　　(答え) 8こ

3 (式) $7×\square=63$ 　　　　　(答え) 9人

4 (式) $3×\square=36$ 　　　　　(答え) 12こ

5 (式) $\square÷12=15$ 　　　(答え) 1m80cm

と き 方

1 図をかくと次のようになります。

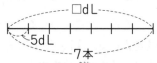

わり算の式で表すので，
全部のりょう÷1つ分＝いくつ分 を使います。
式は，$\square÷5=7$ になります。
$\square$ は，5dL の7つ分になるので，$\square=5×7$ になります。

2 $\square×6=48$ の式で，$\square$にあてはまる数をもとめる式は，
下の図から $48÷6$ になります。

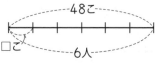

3 1人が運ぶ数×人数＝全部の数 になるので，式は，$7×\square=63$ になります。
$\square$にあてはまる数をもとめる式は，
$63÷7$ になります。

4 1箱に入れるこ数×箱の数＝全部のこ数 になるので，式は，$3×\square=36$ になります。
$\square$にあてはまる数をもとめる式は，
$36÷3$ になります。

5 テープの長さ÷1本の長さ＝本数 になるので，

式は，$\square÷12=15$ になります。
$\square$にあてはまる数は，下の図から，12cm の15本分なので，$12×15$ になります。

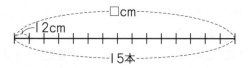

◆**チェックポイント** $\square$を使ったわり算の式で，$\square$をもとめるときは，次のように2つのとき方があります。
まちがえないようにしましょう。

$\square÷12=15 → \square=12×15=180$
$180÷\square=15 → \square=180÷15=12$

● **15日 30〜31ページ**

① (式) $0.8+4.5=5.3$ 　　　(答え) 5.3t

② (式) $\dfrac{7}{10}-\dfrac{4}{10}=\dfrac{3}{10}$ 　　　(答え) $\dfrac{3}{10}$L

③ (式) $\dfrac{3}{9}+\dfrac{5}{9}=\dfrac{8}{9}$ $\dfrac{8}{9}+\dfrac{1}{9}=1$ 　(答え) 1m

④ (式) $1.8+1.8=3.6$ $3.6-3.2=0.4$
　　　　　　　　　　　(答え) 0.4L

⑤ (式) $1205-\square=1126$ 　(答え) 79人

⑥ (式) $75+\square=345$ 　　(答え) 270g

⑦ (式) $3×\square=69$ 　　　(答え) 23人

⑧ (式) $\square÷7=6$ 　　　　(答え) 42cm

と き 方

① 800kg＝0.8t です。台の重さ＋荷物の重さ＝全部の重さ になるので，全部の重さは，たし算でもとめます。

② 0.4 は 0.1 の4こ分だから，$\dfrac{1}{10}$ が4こ分で $\dfrac{4}{10}$ になります。ちがいはひき算でもとめます。

③ はじめのテープの長さは，3人のそれぞれの長さを合わせたものになります。
$\dfrac{3}{9}+\dfrac{5}{9}=\dfrac{8}{9}$(m)　$\dfrac{8}{9}+\dfrac{1}{9}=\dfrac{9}{9}=1$(m)

◆**チェックポイント** 答えを書くときは，$\dfrac{9}{9}$は1になおしましょう。

④ 1.8Lの2本分のかさは，1.8＋1.8＝3.6（L）
です。3.2Lを飲んだのこりは，
3.6－3.2でもとめることができま
す。

$$
\begin{array}{r}
3.6 \\
-3.2 \\
\hline
0.4
\end{array}
$$

⑤ はじめの数－おりた数＝のこりの数 になるの
で，式は，1205－□＝1126 になります。
□＝1205－1126＝79（人）

> **チェックポイント** □をもとめる式はひき算にな
> ります。1205＋1126としないようにしま
> しょう。

⑥ 入れ物の重さ＋油の重さ＝全部の重さ になる
ので，式は，75＋□＝345 になります。
□＝345－75＝270（g）です。

⑦ 配った数×人数＝全部の数 になるので，式は，
3×□＝69 になります。
□＝69÷3＝23（人）です。

⑧ はじめの長さ÷1つ分の長さ＝本数 になるので，
式は，□÷7＝6 になります。

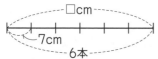

□は，7cmの6つ分になるので，7×6のか
け算でもとめます。

● **16日 32〜33ページ**
①辺 ②二等辺三角形 ③④ ④㋓ ⑤㋘（③，④，
⑤は入れかわってもよい。）

1
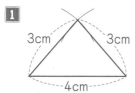

2 三角形アエオ
3 （式）20＋12＋12＝44 　　（答え）44cm
4 （式）56－16＝40　40÷2＝20
　　　　　　　　　　　　　（答え）20cm

5
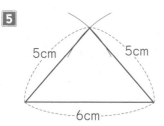

> **とき方**

1 右の図のように，①，
②，③，④のじゅん
番にかきます。

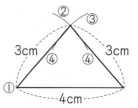

2 三角形イウオは，3つの辺の長さがちがうので，
二等辺三角形ではありません。
辺アオと辺アエは，どちらも半径で長さが等し
いので，三角形アエオは二等辺三角形になりま
す。

> **チェックポイント** 　三角形のうち，2つの辺の長
> さが等しいのは二等辺三角形です。

3 二等辺三角形なので，辺アイと辺アウは等しい
長さで12cmです。まわりの長さは，3つの
辺の長さを合わせて，20＋12＋12＝44（cm）
になります。

4 辺アイと辺アウを合わせた長さは，
56－16＝40（cm）です。
また，二等辺三角形なので，辺アイと辺アウは
等しい長さです。
これから，辺アイの長さは，
40÷2＝20（cm）です。

> **チェックポイント** 　二等辺三角形で，2つの等し
> い辺の長さの和がわかっていれば，和を2でわ
> ると，2つの等しい辺の長さをもとめることが
> できます。

5 紙を開くと，右の
図のような二等辺
三角形ができます。

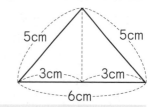

> **チェックポイント** 　3cmと5cmの辺をもつ三
> 角形を，2つぴったりとくっつけた三角形がで
> きます。下の辺は，3cmの2つ分で6cmに
> なります。

● **17日 34〜35ページ**
①辺 ②正三角形 ③④ ④㋕（③，④は入れかわ
ってもよい。）

答え

73

1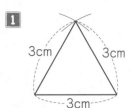

2 5 cm

3 (1)正三角形
　(2)(式) 6×3＝18　　　　　　　　　（答え）18 cm

4 (式) 24÷3＝8　　　　　　　　　　（答え）8 cm

5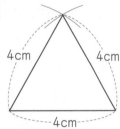

とき方

1 右の図のように，①，②，③，④のじゅん番にかきます。
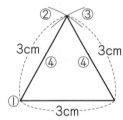

2 辺アイと辺アウは半径だからどちらも5cmです。辺イウも5cmにすると正三角形になります。

3 (1)辺アイは2つの円のきょう通の半径で6cmです。辺アウは点アが中心の円の半径で6cm，辺イウは点イが中心の円の半径で6cmだから，3つの辺の長さが等しくなります。
　(2)3つの辺の長さが全部6cmだから，6×3＝18(cm) になります。

4 1つの辺の長さの3つ分が24cmになるので，1つの辺の長さは，24÷3＝8(cm) になります。

5 紙を開くと，右の図のような三角形ができます。3つの辺の長さがどれも4cmの正三角形です。
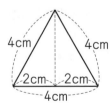

● **18日 36 〜 37 ページ**
①ちょう点　②辺　③角　④3　⑤2　⑥3

---

1 (1)ア　(2)イ　(3)ア　(4)イ

2 ウ，エ，ア，イ

3 (1)ウ　(2)エ，カ

4 (1)イ，ウ　(2)エ，ウ

5 ウ，エ

とき方

1 角の大きさは，辺の開きぐあいが大きいほど大きく，辺の開きぐあいが小さいほど小さくなります。

2 辺の開きぐあいでくらべていきます。いちばん大きいのはウ，2番目はエ，3番目はア，いちばん小さいのはイになります。

3 (1)二等辺三角形は，2つの角の大きさが等しいので，イとウが等しい角です。
　(2)正三角形は，3つの角の大きさが等しいので，エ，オ，カの全部が等しい角です。

4 (1)正三角形だから，アと等しい大きさの角は，イとウです。
　(2)二等辺三角形だから，アと等しい大きさの角は，ウです。

> **チェックポイント**　二等辺三角形は，2つの辺の長さと2つの角の大きさが等しい三角形です。
> 正三角形は，3つの辺の長さと3つの角の大きさが等しい三角形です。

5 辺の開きぐあいでくらべてみます。
　ウの角とエの角は，アの角より大きくなっています。

● **19日 38 〜 39 ページ**
①ウとカ　②エ

1 (1)ア＜ウ　(2)エ＜オ
　(3)ア＜エ　(4)ウ＞カ

2 (1)二等辺三角形　(2)直角二等辺三角形
　(3)正三角形　(4)正方形　(5)長方形

3 (式) 4×6＝24　　　　　　　　　（答え）24 cm

4 (1)9こ　(2)3こ

とき方

1 三角じょうぎのいちばん大きい角は直角です。角の小さいじゅんにならべると，
　ア→エとカ→ウ→イとオになります。
　三角じょうぎを重ねてみてたしかめましょう。

③ (1)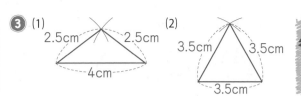
2.5cm 2.5cm 4cm
(2) 3.5cm 3.5cm 3.5cm

② (1)三角じょうぎのいちばん長い辺が等しい辺になる二等辺三角形です。

(2)２つ合わせた角が直角になるので，直角二等辺三角形になります。

(3)３つの辺の長さが等しい正三角形になります。

(4)４つの辺の長さが等しいので，正方形です。

(5)４つのかどが，どれも直角になっている四角形なので，長方形です。

③ まわりの１つの辺の長さは４cmで，それが６つ分あるので，
4×6=24(cm) になります。

④ (1)１つの辺の長さが３cmの正三角形は，いちばん上のだんに１こ，２だん目に３こ，３だん目に５こあります。
全部で，1+3+5=9(こ) あります。

(2)１つの辺の長さが６cmの正三角形は，次のように３こあります。

④ (1)エ (2)ウ，オ，カ

⑤ (1)ウ，エ (2)イ

⑥ (1)3こ (2)7こ

とき方

① 二等辺三角形は，２つの辺の長さが等しい三角形です。
正三角形は，３つの辺の長さが等しい三角形です。

② 辺の開きぐあいで，角の大きさは決まります。
辺の開きぐあいが小さい方が，角も小さくなります。

③ (1)じょうぎで長さ４cmの辺をひきます。次にコンパスで2.5cmの長さをはかりとり，４cmの辺の左のはしと右のはしを中心にしてそれぞれ円の一部をかきます。交わった点と４cmの辺の左のはし，右のはしをそれぞれむすびます。

(2)じょうぎで長さ3.5cmの辺をひきます。次にコンパスで3.5cmの長さをはかりとり，3.5cmの辺の左のはしと右のはしを中心にしてそれぞれ円の一部をかきます。交わった点と3.5cmの辺の左のはし，右のはしをそれぞれむすびます。

④ (1)アとエは，大きさがちがっていても，同じ形の二等辺三角形だから，同じ大きさの角になります。

(2)イとウ，オとカはそれぞれ，２つの等しい角です。イとオは同じ大きさだから，全部同じ大きさの角です。

⑤ (1)三角じょうぎのいちばん大きい角は直角だから，ウとエになります。

(2)いちばん小さい角はア，２番目に小さい角はオとカ，３番目に小さい角はイ，いちばん大きい角はウとエになります。

⑥ (1)次の3こになります。

●20日 40〜41ページ

① 二等辺三角形…ウ，エ
正三角形…ア，オ

② ウ→イ→エ→ア

(2)次の7こになります。

◆チェックポイント このほかに，1辺が1cmの
正三角形が16こ，1辺が4cmの正三角形が
1こできます。大きさのちがう正三角形が，全
部で27こあります。

● 21日 42〜43ページ
①32　②57　③127　④70　⑤70まい
1 ①75　②110　③155　④45　⑤45円
2 (式) 0.8+3.2=4　4−1.6=2.4
(答え) 2.4 kg
3 (式) 740+340=1080
1300−1080=220　　　(答え) 220 g
4 (式) $\frac{3}{9}-\frac{2}{9}=\frac{1}{9}$　$\frac{7}{9}-\frac{5}{9}=\frac{2}{9}$

$\frac{1}{9}+\frac{2}{9}=\frac{3}{9}$　　　　(答え) $\frac{3}{9}$ m
5 (式) 2400+1100=3500
3300+1100=4400　4400−3500=900
(答え) 900 m

とき方
1 75円+35円+ガムのねだん=155円 になり
ます。75+35=110(円) なので，ガムのね
だんは，155円から110円をひいたのこり
になります。
2 きのう買ったあとのお米は，
3.2+0.8=4(kg) です。1.6 kgを使ったのこ
りは，4−1.6=2.4(kg) です。
3 1 kg 300 g=1300 g です。箱の重さは，全
部の重さからりんごとみかんの重さをひいたの
こりになります。りんごとみかんを合わせた重
さは，740+340=1080(g) だから，箱だ
けの重さは，1300−1080=220(g) になり
ます。
4 赤と青のテープをそれぞれ使ったのこりは，ひ

き算でもとめます。のこったテープを合わせた
長さは，たし算になります。分数になっていて
も整数のときと同じ考え方で計算できます。

◆チェックポイント 分数のたし算とひき算の計算
は，分母はそのままで，分子だけのたし算，ひ
き算をします。

5 2 km 400 m=2400 m，
3 km 300 m=3300 m，
1 km 100 m=1100 m です。
学校の前を通って公園まで行く道のりは，
2400+1100=3500(m)，
公園の前を通って学校まで行く道のりは，
3300+1100=4400(m) です。
よって，道のりのちがいは，
4400−3500=900(m) です。

◆チェックポイント 学校の前を通って公園まで行
く道のりと，公園の前を通って学校まで行く道
のりには，どちらも，学校と公園の間の
1100 mの道のりが重なっているので，道の
りのちがいは，3300−2400=900(m) と
いう計算でも，もとめることができます。

● 22日 44〜45ページ
①2　②8　③88　④11　⑤11箱
1 ①96　②32　③12　④384　⑤384円
2 (式) 12×3=36　36÷9=4　　(答え) 4倍
3 (式) 4×12=48　48÷8=6　(答え) 6まい
4 (式) 55÷5=11　70×11=770
(答え) 770円
5 (式) 72÷8=9　375×9=3375
(答え) 3 kg 375 g

とき方
1 えん筆1ダースは12本です。えん筆1本のね
だんは，96÷3=32(円) です。全部の代金は，
32円の12本分だから，32×12のかけ算に
なります。
2 正三角形のまわりの長さは，1つの辺の長さの
3つ分です。1つの辺の長さが12 cmの正三
角形のまわりの長さは，12×3=36(cm)
36 cmが9 cmの何倍かをもとめるのは，わ

り算になります。

何倍かをもとめるときは，わり算を使います。どちらがどちらの何倍かということをまちがえないようにしましょう。「○は□の何倍ですか。 → ○÷□のわり算」になります。

3 まず，おり紙が何まいあるかをもとめます。全部のりょう÷1つ分＝いくつ分 のわり算になります。おり紙は，4×12＝48（まい）あります。8人で分けたときの1人分のまい数は，48÷8のわり算になります。

4 55こを5こずつに分けたとき，ふくろの数をもとめる計算は，「いくつ分」をもとめるわり算になります。55÷5＝11（ふくろ）できるので，1ふくろを70円で売るときの全部のお金は，70×11のかけ算でもとめます。

5 1箱に入れるかんジュースの数は，72÷8＝9（本）ずつになります。1本の重さが375gだから，9本分の重さは，375×9＝3375（g）になります。1kg＝1000gだから，3000g＝3kgです。3375g＝3kg375gになります。

●23日 46〜47ページ
①7 ②315 ③115 ④575 ⑤890 ⑥890円
1 ①4 ②9 ③72 ④8 ⑤8こ
2 （式）180×2＝360
180×3＝540
540−360＝180 （答え）180mL
3 （式）75×8＝600 310+600＝910
1000−910＝90 90÷3＝30 （答え）30円
4 （式）6×8＝48 64−48＝16
16÷4＝4 （答え）4箱
5 （式）10×4＝40 36÷3＝12
40+12＝52 （答え）52まい

とき方
1 たし算とわり算を使う問題です。1人分のこ数をもとめるために，分ける人数をもとめます。まず，たし算で人数をもとめてから，全部のこ数÷分ける人数＝1人分のこ数 のわり算を使って，こ数をもとめます。

2 180mLの3倍は，180×3＝540（mL）になります。180mLの2本分は360mLだから，ちがいは，540−360のひき算になります。

「○の□倍 → ○×□のかけ算」になります。

3 えん筆の代金は，75×8＝600（円）です。本とえん筆を買った代金は，310+600＝910（円）だから，おつりは，1000−910＝90（円）です。90円を3人で分けたときの1人分は，90÷3のわり算でもとめます。

4 8箱に入れたみかんのこ数は，6×8＝48（こ）になります。のこりは，64−48＝16（こ）です。16こを4こずつ入れていくので，4こずつ入れた箱の数は，16÷4＝4で4箱になります。

5 36まいの色紙を，3人で同じ数ずつ分けたときの1人分は，わり算でもとめます。36÷3＝12（まい）になります。りえさんが，はじめに持っていたまい数は，1たば10まいが4たば分なので，10×4＝40（まい）です。

答えをもとめるために，たし算やひき算と，かけ算やわり算を使う問題です。問題をよく読んで，どんな計算をどんなじゅん番ですればいいのかを考えましょう。

●24日 48〜49ページ
①84 ②21 ③63 ④750 ⑤813 ⑥813円
1 ①35 ②3 ③32 ④384 ⑤116 ⑥116円
2 （式）4×5＝20 4×3＝12
12×2＝24 20+24＝44 （答え）44こ
3 （式）5×7＝35 62−35＝27
27÷3＝9 （答え）9こ
4 （式）90+230＝320 320×2＝640
640×3＝1920 （答え）1920円
5 （式）72−18＝54 120×54＝6480
120−15＝105 105×18＝1890
6480+1890＝8370 （答え）8370円

とき方

1 おつりは，500円−12 この代金 になります。
12 この代金をもとめるために，まず 1 このね
だんをもとめます。35−3=32（円）
12 この代金は，32×12=384（円）になる
ので，おつりは，500−384=116（円）です。

2 ○の□倍 → ○×□ のかけ算になります。
大の箱は小の箱の 3 倍入るので，
4×3=12（こ）入ります。小の箱 5 箱には，
4×5=20（こ），大の箱 2 箱には，
12×2=24（こ）入っているので，
おかしの数は，20+24=44（こ）です。

3 6 L 2 dL=62 dL です。1 週間は 7 日だから，
5×7=35（dL）飲みます。のこりは，
62−35=27（dL）だから，これを 3 dL ずつ
コップに分けるので，コップの数は，
27÷3=9（こ）です。

4 行くときの 1 人分の運ちんは，
90+230=320（円）になります。帰りも同
じだけかかるので，1 人分の運ちんは，
320×2=640（円）になります。3 人分の運
ちんだから，全部で，640×3=1920（円）
になります。

◆チェックポイント◆ 帰りも，行きと同じ運ちんが
かかることをわすれないようにしましょう。

5 120 円で売れたりんごのこ数は
72−18=54（こ）だから，
120×54=6480（円）になります。売れのこ
ったりんご 1 このねだんは，
120−15=105（円）だから，18 こ売れると，
105×18=1890（円）です。かけ算を筆算で
計算すると，次のようになります。

```
   120        105
  × 54       × 18
    48        840
  60         105
 6480       1890
```

● 25 日 50 ～ 51 ページ
① （式）45÷5=9　9×12=108
　　　　　　　　　　　　（答え）108 円
② （式）85×7=595　65×7=455

595−455=140　　　　（答え）140 回
③ （式）500×3=1500　350×3=1050
1500+1050=2550　2550−1800=750
　　　　　　　　　　（答え）750 mL
④ （式）40−12=28　37−28=9　（答え）9 こ
⑤ （式）145×18=2610　35×28=980
2610−980=1630　　　（答え）1630 円
⑥ （式）4+3=7　63÷7=9　（答え）9 まい
⑦ （式）32+26+38=96
96÷3=32　　　　　　（答え）32 こ
⑧ （式）35×9=315　315−288=27
27÷9=3　　　　　　　（答え）3 円

とき方

① あめ 1 このねだんは，45÷5=9（円）です。9
円が 12 こ分なので，9×12=108（円）にな
ります。

② どちらも 7 日間とぶので，1 日にとぶ回数のち
がいの 7 日分として計算することもできます。
85−65=20（回）　20×7=140（回）という
計算になります。

③ どちらも 3 本ずつあるので，
500+350=850（mL）
850×3=2550（mL）と計算してから，もと
めることもできます。

④ 12 こをあげたときののこりのこ数は，
40−12=28（こ）です。
28+もらったこ数=37 になるので，
もらったこ数は，37−28=9（こ）です。

⑤ なしの代金は，145×18=2610（円），みか
んの代金は，35×28=980（円）です。

⑥ 使った人数は，4+3=7（人）です。
1 人が使ったまい数×7=63 になるので，
1 人が使ったまい数は，63÷7 のわり算にな
ります。

⑦ 全部合わせたこ数は，32+26+38=96（こ）
です。これを同じこ数ずつ 3 人で分けるので，
1 人分は，96÷3=32（こ）のわり算でもとめ
ます。

⑧ まず，1 こ 35 円で買った代金をもとめます。
35×9=315（円）なので，安くなった代金は，
315−288=27（円）です。これが 9 こ分だ
から，1 こ分は，27÷9=3（円）になります。

● 26日 52〜53ページ

①60　②3　③57　④57 cm

1　①60　②110　③5　④105　⑤105 cm

2　(式) 70×2=140　140−132=8

　　　　　　　　　　　　　(答え) 8 cm

3　(式) 135+165=300

　　300−12=288　　　(答え) 288 cm

4　(式) 12.5+17.5=30

　　30−28.5=1.5　　　(答え) 1.5 cm

5　(式) 3×2=6　0.2+0.2=0.4

　　6−0.4=5.6　　　(答え) 5.6 cm

とき方

1　テープを2本つないだときの全体の長さは、つなぎ目の重なった分だけ短くなります。

◀チェックポイント▶　テープを2本つないだとき、つなぎ目が1つできます。全体の長さは、テープ2本分の長さからつなぎ目の長さをひいたものになります。

2　70 cm のテープ2本の長さは 140 cm です。140−つなぎ目の長さ=全体の長さ なので、つなぎ目の長さは、140−132=8(cm) です。

3　135 cm と 165 cm のテープ2本の長さは、300 cm です。つなぎ目が 12 cm なので、全体の長さは、300−12=288(cm) です。

4　12.5 cm のテープと 17.5 cm のテープの2本の長さは、30 cm です。30−つなぎ目の長さ=28.5 になるので、つなぎ目の長さは、30−28.5=1.5(cm) です。

◀チェックポイント▶　長さが小数のときも、整数のときと同じ考え方になります。

5　テープがリングになっていますが、テープのつなぎ目と考え方は同じです。リング2こ分の長さは、3×2=6(cm) です。下の図で、重なっているところのつなぎ目は、0.2 cm が2つ分なので、0.4 cm です。

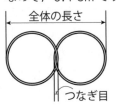

● 27日 54〜55ページ

①60　②4　③8　④52　⑤52 cm

1　①45　②135　③127　④8　⑤4

　⑥4 cm

2　(式) 50+60+70=180　5+10=15

　　180−15=165　　　(答え) 165 cm

3　(式) 13×3=39　2+2=4

　　4×2=8　39−8=31　　　(答え) 31 cm

4　(式) 16×4=64　4×3=12

　　64−12=52　　　(答え) 52 cm

5　(式) 50×5=250　250−226=24

　　24÷4=6　　　(答え) 6 cm

とき方

1　テープを3本つないだときも、2本つないだときと考え方は同じです。

全体の長さは、つなぎ目の重なった分だけ短くなります。3本つないだとき、つなぎ目は2つできます。

2　テープ3本の長さは、
50+60+70=180(cm) です。
つなぎ目の長さは、5+10=15(cm) になるので、全体の長さは、
180−15=165(cm) になります。

3　下の図から、1つのつなぎ目の長さは、
2+2=4(cm) です。
つなぎ目は2つあるので、合わせた長さは、
4×2=8(cm) になります。
13 cm の3こ分の長さは、13×3=39(cm)
だから、全体の長さは、39−8=31(cm) になります。

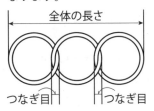

4　テープ全体の長さは、16×4=64(cm) です。
つなぎ目の数は3つあり、その長さは、
4×3=12(cm) になるので、全体の長さは、
64−12=52(cm) になります。

チェックポイント つなぎ目をつくってテープをつなぐとき，つなぎ目の数は，テープの本数よりも１だけ少なくなります。

5 テープを５本つなぐ問題です。つなぎ目が４つできます。

テープ５本の長さは250cmだから，つなぎ目４つ分を合わせた長さは，
250−226=24(cm) です。
つなぎ目１つ分の長さは，
24÷4=6(cm) になります。

● 28日 56〜57 ページ

①3 ②6 ③18 ④18 m

1 ①10 ②9 ③72 ④8 ⑤8 m
2 (式) 50÷5=10 10+1=11 (答え) 11 本
3 (式) 25−1=24 14×24=336
(答え) 336 m
4 (式) 7−1=6 5×6=30 (答え) 30 こ
5 (式) 5−1=4 15×4=60 60÷60=1
5+1=6 (答え) 6 時間

とき方

1 木と木の間の数は，10−1=9(つ) です。
同じ間かくが９つ分で72mになるので，１つ分の間かくは，72÷9=8(m) になります。

2 木と木の間の数は，50÷5=10 になります。
間の数=木の本数−1 だから，木の本数は，10+1=11(本) になります。

チェックポイント 木をまっすぐに植えたとき，次のようになります。
木と木の間の数=木の本数−1
木の本数=木と木の間の数+1

3 木の数は25本だから，間の数は１少ない24になります。
１つ分の間かくが14mだから，１本目から25本目までのきょりは，
14×24=336(m) になります。

4 ●を植えた木と考えます。●を２こならべたときの間の数は１つ，３こならべたときの間の数は２つ，４こならべたときの間の数は３つになって，間の数は，●の数より１だけ少なくなり

ます。よって，●を７こならべたときの間の数は６つです。また，１つの●と●の間に○が５こならんでいるので，○は，5×6=30(こ)ならびます。

5 図をかくと，次のように表すことができます。

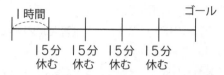

１時間				ゴール
15分 休む	15分 休む	15分 休む	15分 休む	

図から，ゴールするまでに，休む回数は４回になることがわかります。休む時間の合計は，
15×4=60(分)=1(時間) になります。スタートしてからゴールするまでにかかる時間は，
5+1=6(時間) です。

● 29日 58〜59 ページ

①8 ②15 ③120 ④120 m

1 ①88 ②28 ③11 ④11 本
2 (式) 32÷8=4 (答え) 4 m
3 (式) 2×32=64 (答え) 64 m
4 (式) 15×124=1860 (答え) 1860 m
5 (式) 14÷2=7 7×4=28 (答え) 28 こ

とき方

1 池のまわりに木を植えているので，木と木の間の数と植えた木の本数は等しくなります。
１つの間かくの長さ×間の数=池のまわりの長さになるので，8×間の数=88 です。
間の数は，88÷8=11 だから，木の本数も11本になります。

チェックポイント 池のまわりに木を植えたとき，間の数と木の本数は等しくなります。

2 立てたぼうの数が８本だから，ぼうとぼうの間の数は８つあります。まわりの長さが32mだから，１つの間かくの長さは，
32÷8=4(m) になります。

3 池をロープでつないだ円，人を木と考えると，1，2と同じ問題になります。間の数は32，１つの間かくが２mになるので，まわりの長さは，2×32=64(m) になります。

4 木を植えるのが，円のまわりでも，長方形のまわりでも同じです。木を124本植えているの

で，間の数も 124 こあります。まわりの長さ
は，15×124 より，124×15 の筆算をし
て，1860(m) になります。

5 池のまわりに木を植えるのと同じように考えま
す。正方形のまわりの長さは，
14×4=56(cm) まわりが 56 cm で，2 cm
おきに点を打つのだから，点の数は，
56÷2=28(こ) になります。

別解　右の図のように，
正方形の 1 つのちょう
点から，もう 1 つのちょ
う点までの点の数は，
14÷2=7
7+1=8(こ) になり
ます。4 倍して，8×4=32(こ)
点の数は，重なっている 4 つのちょう点の数を
ひいて，32−4=28(こ) になります。

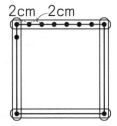

2cm　2cm

● **30 日 60 〜 61 ページ**

1 (式) 45×2=90　90−5=85
(答え) 85 cm

2 (式) 63÷9=7　　　(答え) 7 m

3 (式) 10−1=9　10×9=90　(答え) 90 秒

4 (式) 15×3=45　3×2=6
45−6=39　　　(答え) 39 cm

5 (式) 69÷3=23　　　(答え) 23 こ

6 (式) 85+95=180　180−164=16
(答え) 16 cm

7 (式) 9−1=8　3×8=24　(答え) 24 こ

8 (式) 25×4=100　5×3=15
100−15=85　　(答え) 85 cm

とき方

1 45 cm のテープ 2 本分の長さは
45×2=90(cm) です。つなぎ目が 5 cm な
ので，全体の長さは，90−5=85(cm) です。

2 木の数は 9 本だから，間の数も 9 つになります。
1 つ分の間かくは，63÷9=7(m) です。

3 図で表すと，次のようになります。

1回 2回 3回 4回 5回 6回 7回 8回 9回 10回

10秒

上の図から，10 回鳴らす間に，10 秒の間か

くが 9 回あることがわかります。

4 テープ 3 本分の長さは，15×3=45(cm) で
す。3 cm のつなぎ目は 2 つあるので，つなぎ
目を合わせた長さは，3×2=6(cm) です。
全体の長さは，45−6=39(cm) になります。

5 まわりが 69 cm の植木ばちに，3 cm おきに
たねを植えていくので，間の数は，
69÷3=23 です。たねの数と間の数は等しく
なります。

6 85 cm と 95 cm の 2 本のテープの長さは，
180 cm です。180−つなぎ目の長さ=164
になるので，つなぎ目の長さは，
180−164=16(cm) です。

7 ●と●の間の数は，●の数より 1 だけ少なくな
るので，●を 9 こならべたときの間の数は 8 つ
になります。また，●と●の間に○が 3 こなら
んでいるので，○は，3×8=24(こ) ならび
ます。

8 25 cm のテープ 4 本の長さは 100 cm，つな
ぎ目は 3 つあるので，つなぎ目を合わせた長さ
は，5×3=15(cm) です。
全体の長さは，100−15=85(cm) です。

● **進級テスト 62 〜 64 ページ**

1 (式) 38÷7=5 あまり 3
(答え) 1 人分は 5 こで，3 こあまる

2 (式) 14−9=5　　　(答え) 5 人

3 (1)イ　(2)エ，オ

4 (式) 12×3=36　100−36=64
64÷7=9 あまり 1　　(答え) 1 cm

5 (式) $\frac{2}{7}+\frac{1}{7}=\frac{3}{7}$

$1-\frac{3}{7}=\frac{7}{7}-\frac{3}{7}=\frac{4}{7}$　　(答え) $\frac{4}{7}$ L

6 (1)二等辺三角形　(2) 3.5 cm

7 (式) 585×5=2925　85×5=425
2925+425=3350　3350−3300=50
(答え) 50 円

8 (式) 0.3+0.7=1　3.6−1=2.6
(答え) 2.6 L

9 (式) 110+75=185　185−8=177
(答え) 177 cm

⑩ （式）28÷4=7　　　　　　　（答え）7倍
⑪ （式）□×7=63　□=63÷7=9　（答え）9こ
⑫ （式）36÷3=12　12+1=13（答え）13本

とき方

❶ 全部のりょう÷いくつ分=1つ分 を使うわり
算で，あまりが出る問題です。全部のりょうが
38こ，いくつ分が7人なので，
38÷7=5あまり3　答えの5が1人分のこ数，
あまりの3がのこっているケーキのこ数になり
ます。

❷ 表をかんせいさせると，次のようになります。

けっせき者数　　　　　（人）

組 男女	1組	2組	3組	合計
男子	3	5	6	14
女子	5	2	2	9
合計	8	7	8	23

けっせきした人の数は，男子は14人，女子は
9人だから，ちがいは，14−9=5（人）です。

❸ (1)は二等辺三角形です。(2)は正三角形です。

❹ 12cmのひも3本分の長さは，
12×3=36（cm）だから，のこりは，
100−36=64（cm）になります。64cmを
7cmずつに分けると，64÷7=9あまり1
になるので，1cmあまります。

❺ 使った油の合計を，1Lからひきます。
$1-\dfrac{2}{7}-\dfrac{1}{7}=\dfrac{7}{7}-\dfrac{2}{7}-\dfrac{1}{7}=\dfrac{4}{7}$（L）
としても，もとめることができます。

❻ (1) 2つの辺の長さが，円の半径と等しい三角
形です。
(2) 3つの辺の長さが等しいので，辺アイの長さ
は3cm5mmです。1cm=10mmだから，
0.1cm=1mm
3cm5mm=3.5cm です。

❼ どちらも買ったこ数が5こだから，おべんとう
とお茶を1組にしてもとめることもできます。

式は，585+85=670（円）
670×5=3350（円）
3350−3300=50（円）になります。

❽ のんだ牛にゅうの合計は，0.3+0.7=1（L）
です。のこりは，3.6−1=2.6（L）になり
ます。

❾ 110cmと75cmのテープ2本の長さは
185cmです。つなぎ目が8cmなので，全
体の長さは，185−8=177（cm）です。

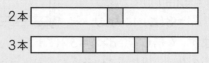

◀チェックポイント▶ つなぎ目をつくってテープを
つなぐとき，つなぎ目の数は，テープの本数よ
りも1だけ少なくなります。

2本
3本

⑩ グラフの1目もりは2台になっています。
バスは4台，乗用車は28台です。
乗用車の台数は，バスの台数の，
28÷4=7（倍）になります。

⑪ 1つ分×いくつ分=全部の数 だから，1ふくろ
に入っているあめのこ数を□ことすると，
□×7=63 というかけ算の式で表せます。
□は，63÷7のわり算でもとめます。

⑫ 木と木の間の数は，36÷3=12 です。
間の数=木の本数−1 だから，
木の本数=間の数+1 になります。

◀チェックポイント▶ まっすぐな道に木を植えたと
きと，池のまわりに木を植えたときとの，間の
数のちがいに注意しましょう。

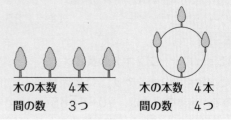

木の本数　4本　　　　木の本数　4本
間の数　　3つ　　　　間の数　　4つ

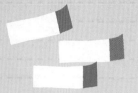

基礎をかため，応用力をのばすスーパー参考書

小学 自由自在

▶3・4年 国語・社会・算数・理科
▶高学年　国語・社会・算数・理科
◆教科書に合ったわかりやすい内容で，2年間の勉強を効果的に進めることができます。学習の基礎をかため，応用力をのばします。
◆豊富なカラーの写真・資料と親切な解説で，高度な内容もよくわかります。
◆くわしいだけでなく，学習することがらをすじ道だてて，わかりやすく解きほぐしてくれるので，楽しく学べて力がつきます。

「3・4年」A5判　カラー版　384〜480ページ
「高学年」A5判　カラー版　560〜688ページ

むりなく力がつく3ステップ式問題集

小学 標準問題集

▶国語・国語読解力・算数・算数文章題／各1〜6年別
◆やさしい問題からむずかしい問題へ段階的に力をつける。
◆基礎をかためる「基本問題」，実力をつける「標準問題」，応用力をつけてのばす「ハイレベル問題」の3ステップ式問題集。

(B5判　2色刷　112〜176ページ)

中学入試準備にレベルの高い切り取り式ドリル

小学 ハイクラスドリル

▶国語・算数・全科／各1〜6年別
◆中学受験も視野にトップクラスの学力をつけるためのドリルです。
◆1回1ページの短時間で取り組める問題を120回分そろえています。
◆「標準」「上級」「最上級」の段階式の問題構成で，無理なくレベルアップをはかれます。
◆巻末の解答編では，問題の解き方をくわしく丁寧に解説しています。

(A4判　2色刷　152〜176ページ)